青少年科普图书馆

INTERESTING MINERALOGY

世界科普巨匠经典译丛·第二辑

趣味矿物学

（俄）费尔斯曼 著 丁荣立 译

上海科学普及出版社

图书在版编目（CIP）数据

趣味矿物学 /（俄）费尔斯曼著；丁荣立译．—上海：上海科学普及出版社，2013.10（2024.3 重印）

（世界科普巨匠经典译丛·第二辑）

ISBN 978-7-5427-5837-8

Ⅰ．①趣… Ⅱ．①费… ②丁… Ⅲ．①矿物学－普及读物 Ⅳ．① P57-49

中国版本图书馆 CIP 数据核字 (2013) 第 177280 号

责任编辑：李　蕾

世界科普巨匠经典译丛·第二辑

趣味矿物学

（俄）费尔斯曼 著　丁荣立 译

上海科学普及出版社出版发行

（上海中山北路 832 号 邮编 200070）

http://www.pspsh.com

各地新华书店经销　三河市金泰源印务有限公司印刷

开本 787×1092　1/12　印张 18.5　字数 230 000

2013 年 10 月第 1 版　2024 年 3 月第 3 次印刷

ISBN 978-7-5427-5837-8　定价：39.80 元

原序

这本书的名字是《趣味矿物学》，矿物学也会有趣吗？它说的是什么呢？里面什么东西会吸引青少年，让他们思考并渴望去认识石头呢？

在自然界中，石头是没有生命的物质，例如，柏油马路上的石子，常常见到的黏土，人行道上的石灰石，博物馆里的宝石，工厂中的铁矿石，大海中的食盐等，这些都是矿物。我们知道，天文学讲述的是各种天体，生物学研究的是生命现象，物理学说的是各种各样的实验，这几门科学带领我们认识神奇的自然现象。不过，矿物学主要讲述石头，难道石头里面也有什么秘密吗？

是的，寻找几本关于矿物学的书来阅读一下吧。提起这门科学，即使是高等学校的毕业生也感到没有兴趣。他们觉得矿物学是枯燥无味的，里面有一大堆的名词和长长的地名。关于晶体学那一部分，不仅难学，而且很乏味，他们更讨厌。

虽然如此，我还是想告诉大家：矿物学是有趣的科学，毫无生机的石头有着自己的发展史，矿物学所研究的问题非常重要，甚至比讲生物的科学还重要。

依据矿物学的知识，可以做许多事情：提炼金属，凿取建筑材料，制造各种盐类。总之，我们的工农业和日常生活离不开矿物学。

大家读完这本书就会明白，这个目的是不是已经达到了，它是不是带着你们重新认识了石头和晶体世界。

我愿意带领大家去矿物的世界遨游，希望你们关注、采石场、矿山、矿场，希望你们和我一起走出城市，穿过河流，走到岸边，走到山峰或者悬崖上，去那里采集石头，收集标本。在那些地方，到处有我们需要学习的知识，在死气沉沉的石头中，我们能够探索关于宇宙构成的奥秘。

我想把在自然界看到的现象写出一篇篇的短文，就像画家在作画之前，先要抓取几个重要之处，绘制成几十张甚至几百张草图。然后，读者可以根据自己的理解，把这些短文拼接起来，形成一幅完美的图画。

不过，并不是每一个读者都能完成这个任务。对于他们来说，我的影响力太小了，他们需要更能干的画家来指导，挖掘他们的潜力，指引他们向某一个方向前进，这个画家就是我们的大自然。等大家阅读完这本书，希望你们亲自前往克里木、乌拉尔、卡累利阿、希比内苔原、伏尔加河流域或者第聂伯河沿岸，去考察那里的石头，探索关于石头的秘密和它的生命史。

希望读者按顺序阅读这本书，因为前后的联系比较密切，有时要借助前面的知识去理解后面的内容。大家要慢慢阅读，不能囫囵吞枣看一遍，否则，什么都学不到。

这本书分为两个部分，第一部分讲述的是石头的世界，讲述石头的性质和石头在自然界中是怎么形成的。第二部分讲述两个方面的内容：一方面是关于石头的奇迹，这些奇迹会拓展你的想象力，使你产生许多幻想。另一方面讲述的是石头在人们的日常生活，以及工农业上的应用。其实，我自己也不知道哪一种情况更使我感到惊奇。是石头充满变化的颜色，类似于动植物的形状，能够杂乱无序地聚集成一个大堆，显示出漂亮的晶体线条呢，还是石头在工厂的巨大熔炉中燃烧、熔化、挥发，聪明的人们是怎样利用这些变化，从黑色的石头中提炼出银子，从红色的矿石中提炼出水银，从黄铁矿中得到珍贵的硫酸呢？

在中世纪时期，炼金术士在实验室中刻苦研究，想把水银变成金子，想从土中提炼出仙丹，还想从黄铁矿中得到硫磺。如果炼金术士能够见到现在的实验室和工厂，见到绿色的镭矿石，知道从这种矿石中可以提炼出发亮、发热的镭盐，再看看制造红宝石的白色矾土，制造银色轻金属的矿石，提炼特殊性质的硒的黄铁矿石，他们一定会承认，后来人们的才能超过了他们当年的想象。

不过，这并不能说明，科学和技术已经完美了，没有解决不了的问题。

人们还没有征服大自然，照射到地球上的太阳光线，每天都会浪费掉千百万瓦，巨大的风力还没有利用，地下深处到底有什么？人们还不清楚。

人们还没有全面地认识自然，更没有完全掌握自然，所以人们还须开动脑筋，运用自己所掌握的知识，利用自然力和自然界中的物质，促进我们的工农业发展。

我希望读者能够自觉承担起这个重任。如果读者阅读完这本书，对石头产生了兴趣，想要去了解一下石头的用途，观察一下我们周围的生活，为建设我们的国家奋斗，那么，即使他们的兴趣不是很浓厚，这本书也算有价值了。这本书的目的就是引发读者对矿物学的兴趣，激起他们的斗志，增强他们的毅力，使他们渴望认识自然、了解自然，去寻求新的知识。

在卫国战争中，武器的数量和质量起到了关键作用，苏联在制造坦克和飞机的时候，使用了好多种元素，还包括从各种矿石中提炼出来的稀有元素和非常稀有元素。那时候，人们对矿物的兴趣很高，积极地研究苏联地下的宝藏。

此后，矿物学不仅成了有趣的科学，还成了一门不可缺少的科学。

在研究矿物学并开发矿藏一定会提高苏联在世界中的威望，给苏联人民带来更美好的生活。

所以，我在这里恳求每一位读者，不管是哪一种矿物，只要你拥有它“罕见”的照片、图片等资料，请寄给苏联科学院矿物博物馆。我们要共同努力给这本书增添新的内容，尽力完善这本书，因为它是送给我们的新生力量、值得我们骄傲的第二代的礼物。

费尔斯曼

CONTENTS

目录

第 一 章

自然界中的石头和城市中的石头

1.1 我收藏的石头

我 6 岁的时候，就非常喜欢各种各样的石头。每年夏天，我们几个孩子都会去克里木，那里有一条辛菲罗波尔马路，我们住在马路旁边的一栋房子里，常常去房子附近的悬崖上玩。悬崖上有好几条水晶矿脉，水晶是一种透明的石头，非常坚硬，很难凿下来，我费了很大的力气，才用小刀刮下来几块。当时，我们几个小孩看见水晶非常漂亮，就像宝石一样，开心极了。我们把它包在棉花中，起了一个好听的名字叫“小手风琴”。这些水晶石块是我们从悬崖上找到的，人们总是怀疑不是从山上找到，而是人工雕琢出来的。这时，我们就会无比骄傲地反驳他们。

我们继续“勘察”，寻找漂亮的石头。有一次，我们在一所老房子里，找到了一些矿物标本，上面沾满了灰尘。我们把矿物拿出去，用水洗干净后，再用抹布擦干，然后把这些矿物和我们以前找到的水晶放在一起。我们发现，矿物中有几块很普通的石头，看起来一点也不漂亮，在克里木的山中常常能见到。开始时，我们不采集那些普通的石头，因为太常见了，我们不感兴趣。我们觉得，那些普通的石头绝对不如水晶珍贵。后来，我们发现普通的石块上面有标签。在那些矿物标本的旁边，还有一张单子，上面记录着石块的名字。这时，我们才知道，原来普通的石头也有名字，我们也应该收集啊！此后，我们开始收集普通石头，很快就发现，克里木的悬崖峭壁上不仅有松软的、白色的石灰岩，还有坚硬的、黑色的岩石。

这样，我们慢慢收集了一组矿石和许多石块，还买了关于矿石的书来阅读。收集石头成了我们几个孩子生活中不可缺少的一部分，每年夏天我们都会去寻找石头。在我们住处的附近，不仅有悬崖峭壁，还有好几个采石场（从这里开采出来的石头是用来修路的）。采石场里的石头多种多样，有些石头像皮肤一样柔软，有些石头像透明的水晶，有些石头有着奇怪的颜色，有些石头带着花纹，看起来像是丝织品。我们从采石场中找了好多石头，虽然我们不知道这些石头的名字，但我们一眼就能够分辨出它们。

时间一天天过去，和我一起收集石头的朋友不再喜欢石头，所有的收集品都成了我的了。我的收集品越来越多，包含了克里木附近和敖德萨海岸的各种石头。于是，我请求认识的人从各个地方带石头给我，我到朋友家做客时，只要看到书架上或者书桌上放着漂亮石块，就询问他们是不是能够送给我。

后来，我在国外生活了好几年，这为我创造了收集石块的好机会。我发现有些商店的小橱窗里，摆放着亮晶晶的石头，漂亮极了。每块石头旁边都有一个小标签，上面写着石头的名称，还有产地和价格。原来，这些“宝贝”可以买到啊！于是，我的收集生涯进入另一个阶段，我把钱省下来，用来买漂亮的石块。回国时，我把买来的石头放在一个箱子里，出入境时我小心翼翼地把箱子打开，让海关人员检查。回到家里，我把这些石头和以前收集的石块放在一起。

我的收集品越来越多，而且逐渐变成了科学收集品。我在每一块石头上贴一个标签，写明石头的名称和发现的地方。对于这个“大学”①，我有了初步的认识。值得骄傲的是：我不但收集了许多石块，还能够说出石块的名字。

随着时间的流逝，我上完了中学和大学。这时，我的收集品已经有好几千件了。小时候，收集石头是一种乐趣，现在是为了科学研究。小时候的兴趣是玩石头，现在的兴趣则是科学创造。

我的收集品不能一直放在家里。于是，我把它们分成两部分：一部分是具有科学价值的，研究之后，送给了莫斯科大学，另一部分陈列在莫斯科的第一国民大学里，许多人去那里参观，对矿物学有了浅显的认识。

上面所说的是我收集石头的历史。当然，不是每一块石头都有科学价值，但对于收集者来说，每一块石头都是有意义的。收集者在悬崖峭壁的某一个缝隙里发现了漂亮的晶体，或者从一堆乱石头中找到了没有见过的石块，他的心情会多么激动啊！

童年时的兴趣决定了我的工作和一生。我收集石头不再是为了个人的兴趣，而是为了使国家的矿物博物馆在世界上处于领先地位。在家里用简单的方式分辨石头的日子已经过去，现在我在科学院的研究所中用科学方法来鉴定矿石。我不再流连于公路旁的悬崖峭壁，而是跑到北极圈、中亚沙漠、乌拉尔荒林、帕米尔高原等遥远的地方去探险。同时，矿物学的发展也是现代科学上的一个重要飞跃，这门科学不仅讲述地球上的各种石头和石头的鉴定方法，还讲述石头的组成成分，石头的来源和发展变化，它们在人们的生活中的作用，未来的用途，等等。所以，寻找石头就是在寻找矿山，寻找生产原料，寻找工农业的发展方向。

①这是一个比喻，用来指一门知识，这里说的是矿物学。——译者注

1.2 矿物博物馆

我们到科学院的矿物博物馆参观一下吧。我们已经非常熟悉动物博物馆，那里有各种各样的动物，能够引起我们的兴趣；我们也参观过古生物陈列馆，见到了灭绝了的动物骨骼，还有娇柔的海百合，变成石头的贝壳，这一切令我们觉得惊奇。很久以前，这些生物都经过了自己的生命史，它们出现后，生长发育，和其他的动物搏斗，后来灭绝了。在这个世界上，时时刻刻都在发生变化，既残酷又有趣。

不过，铺在大马路上的石头好像不变，人行道上的石板和盖房子用的石块也不变，因为这些石头是没有生命的，石头是死气沉沉的，谈到石头就觉得枯燥无味。面对着一堆毫无特色的石头，怎么也发现不了它们有趣的地方，在大多数人眼中，所有的石头都是单调乏味的。

虽然如此，我们还是去矿物博物馆中看看吧。1935 年，这个博物馆从列宁格勒（现在的圣彼得堡）搬到了莫斯科。人们先在莫斯科盖好新的大楼，然后把博物馆中的陈列品运送过来。现在，每年都会有好几吨石块被送进博物馆，这些石块来自苏联的各个地方。不过，博物馆中本来就有许多珍贵的石块，是二百年前彼得大帝下令从各地收集到的。

当时，彼得大帝只收集罕见的东西，也就是所谓的珍品。因为那时候的各国博物馆都这样，只陈列有价值的物品。

不久后，罗蒙诺索夫[①]（担任矿物博物馆的馆长）提议矿物博物馆不但要收集稀有的石块，还应该收集能够代表俄国资源的所有东西。也就是说，要收集

---

①米哈伊尔·瓦西里耶维奇·罗蒙诺索夫（1711–1765），俄国伟大的科学家、哲学家。他的研究领域广泛，包括化学、物理学、矿物学、历史、艺术、语言学、光学设备等，是一个博学多才的人。他在俄国的科学史上有着各种贡献，尤其是质量守恒定律和俄罗斯语法的系统编辑，被后人称为“俄国科学史上的彼得大帝。”

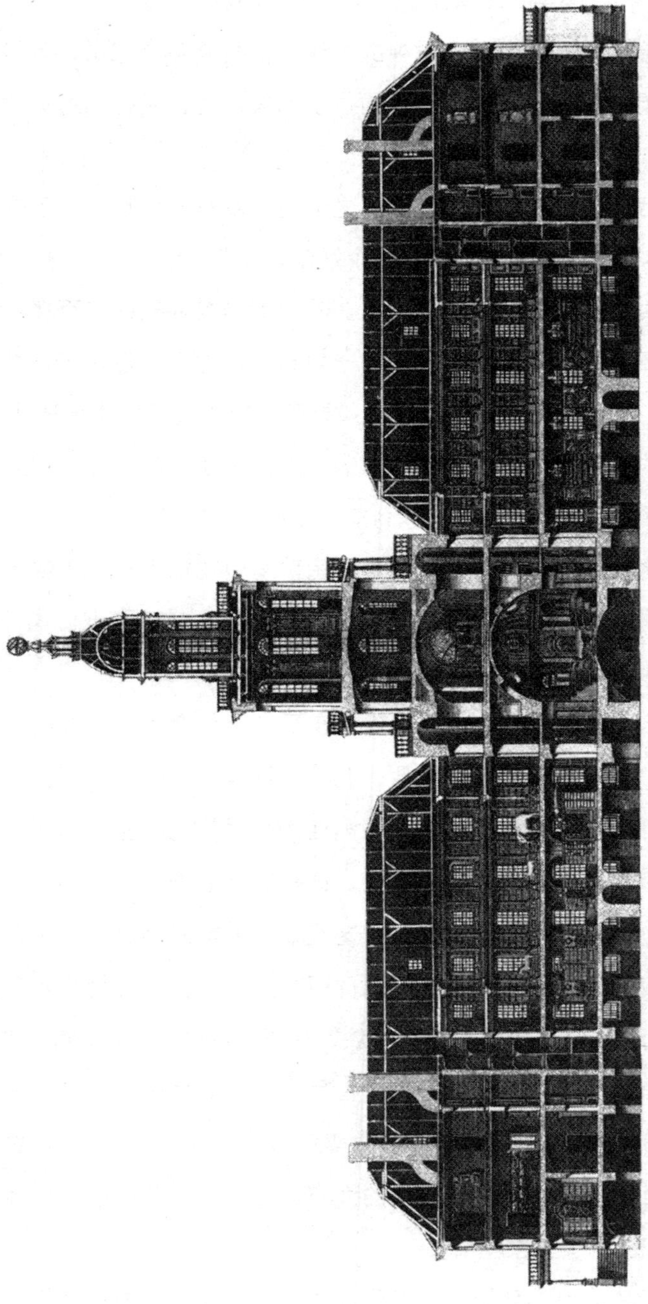

彼得大帝创办的矿物博物馆，世界上最古老的博物馆之一

所有的矿石、各种各样的宝石、有用的土壤、天然的颜料等。

罗蒙诺索夫希望收集每一个城市中的石块。他提醒各个城市，其实，这件事不需要花费多大的力气，只要让当地的孩子们去河边、湖边、海边收集漂亮的石头就行了。

遗憾的是，后来罗蒙诺索夫去世了，这个提议没有成为现实。现在，我们要老话重提，在苏联的各个城市正开展这个活动。

虽然罗蒙诺索夫的提议没有实现，但在矿物博物馆存在的二百多年里，还是积累了大量的石块。送到博物馆中的每一块石头，都会经过鉴定，然后记录在大册子上，还会在石头上贴标签。所以，如果有人想知道某个地方有哪些矿物，例如，沃伦河畔的日托米尔周围、克里木的山上、莫斯科的近郊等，只要查看一下卡片上的目录就可以了，还能在陈列室中看见矿石的样品。

我们穿过文化休憩公园，来到苏联科学院矿物博物馆大楼。矿物博物馆的占地面积是1000平方米，里面摆满了各种珍贵的样品，是苏联进行现代化建设的原料。

在许多玻璃格子中，放着黑色的不规则东西，它们有的像纯净的铁，有的带着黄色的小点，其实是暗灰色的石头。有一个铁块重250千克，旁边的标签上写着："1916年10月18日，落在西伯利亚的尼古拉乌苏里城附近。"在其他的石块上，也写明了落下的时间和地点。这些玻璃格子中的石头都是从天上落到地球上的，也就是我们所说的陨石。这些石块以前是闪亮的星星，从遥远的宇宙太空来到我们的地球，穿越了地球周围的大气层，有时会陷入深深的土中。在一个陈列橱中，摆放着黑色的小石块，这是1868年冬天降落到罗姆仁斯克省地面上的，一共掉落了将近十万块。在另一个陈列橱中，放着一些铁块。接下来是暗色的细灰尘，还有像冰雹一样的黑色石块，像玻璃一样透明的陨石。它们都不是地球上的东西，本来在遥远的太空运动着，后来掉落到地面上，在水和空气的作用下发生了变化。

我们又参观了其他的陈列橱，这里面放的是颜色不同、形状各异的矿石，

1909 年发现的 Murnpeowie 铁陨石

旁边的标签上写着它们的名称和产地。这些矿物是天然的颜料，它们是多种多样的：有的像闪亮的金属，带有金子或者银子的光泽；有的像水晶一样透明；有的像彩虹一样拥有许多种颜色，好像内部藏着特殊的光源。

明媚的阳光照在陈列橱中的石头上，使这些石头亮晶晶的。有些陈列橱比较暗，于是打开电灯，天蓝色和酒黄色的黄玉闪闪发光，黄玉看起来像是被雕琢过似的；同时，透明的海蓝宝石和绿柱石也在发光。在这里，我们见到了许多稀奇的石头，石头的旁边写着它的产地和名称。博物馆中的向导带着我们来到一个陈列橱前面说：

博物馆中的陈列品极其独特，我们不仅想让大家看到各种各样的石头，还想让大家知道每一种石头都是多样的，有着自己的生命史。其实，石头的生命史非常有趣，甚至比动物的生命史更有趣。

请看这一组石块，虽然它们的形状不同，但它们都是“石英”，它们的明亮程度、色泽、形状、发光情形有着巨大的差异。你们可能会说，这一块石英非常像另一个陈列橱“萤石”中的某一块石头。你们无法看出这块石英和电灯照亮的陈列橱中的金刚石的区别，是不是呢？现在，我来告诉大家，为什么石英的样子多种多样。原来，这个陈列橱中的石英不是按照种类陈列的，而是按照在自然界中出现的形状和生成的条件。要知道，石头也有自己的生成条件。例如，有些石英是在地下深处1000℃的高温熔化物变成的；有些石英是在炙热的泉水中形成的；还有一些石英在贝壳中闪着亮光；都是非常规则的晶体，是在地面上形成的。每一块石英都有自己的独特面貌，跟其他的石英不同。了解了石英不同的生成条件，我们再来看一下有着铅的光泽的石头，不仅矿石的生成条件有区别，生成之后的历史也各不相同，有的会发生各种变化，有的会被破坏，好像死了一样。

我们来到大厅的另一边，这里介绍了各种矿石的历史。这里有许多漂亮的石头，它们是在自然规律下生成的晶体。有些是从地下深处的小孔中冒出来的，逐渐长成大颗的晶体；有些是在实验中人工培养出来的；还有一些是在工厂中制成的。这些晶体非常奇怪，有的像分叉的植物；有的像细长的棉纱线；有的像毛茸茸的棉花团；还有的像透明的玻璃。

这些晶体的旁边是不规则的石块，像是含在嘴里的糖。它们是被侵蚀过的黄玉和海蓝宝石，不知道什么东西把它们溶解了，破坏了，腐蚀了，它们好像随时会消失不见。

在一个陈列橱的旁边，摆放着许多根细长的管子，看起来像帷幕，像沙漏中漏出来的东西，又像柱子。原来，这些管子是从克里木的山洞中采集的钟乳石。在10年的时间里，有的钟乳石在彼得宫城的地下生长起来，有的钟乳石在涅瓦河的基洛夫桥下生长……在这些地方，人们亲眼看着它们逐渐长大。

接下来是玲珑小巧的东西，不仅有花束，还有鸟巢，巢里面有一些鸟蛋，在这些东西的外面有一层厚厚的石头，一年中的好几个月这些石头包裹着温泉中的物体。

再下面是化石。在很久以前，这些化石是动物和植物，都是活的物质，它们死亡后，经过了很长时间才变成化石。

由此可知，石头也有自己的生命史，只不过它们的生命很特别，很复杂，不容易了解清楚。

我们去矿物博物馆的其他地方参观一下。

博物馆的墙壁上挂满了照片和图片，还有山脉、沙漠、矿山等大幅挂图，靠着墙的狭窄的陈列橱中放着各种各样的石头。

这里的石头不是人工从自然界中取出来的，而是保留着在自然界中的原样。在自然环境中，它们跟其他的石头有着密切的联系，它们的历史和自然界中的全部生活连在一起，跟上面的土壤、气候有关系，跟当地的动植物也有关系。这些石头的陈列方法，正好体现了这些关系。

我们看一下石头的生成条件，有一类石头来自炙热的熔化物，大量的熔化物从深深的地下不断往上升，沿着裂缝钻进地壳中，里面含有许多炙热的气体和水蒸汽，升到地面之后冷却成固体，好多矿物是这样形成的。

有一类矿物来自炙热的泉水和温泉。在地球表面上，许多地方有这样的温泉，它们冷却之后，就会沉淀出贵重的重金属、美丽的晶体。所以，这一类石头是从水中产生的，而不是火里。

石灰华，表面是多空的海绵结构，产自温泉地区，主要成分是碳酸钙

还有一类石头来自地球表面，有的在盐湖中，类似于沉积在湖底的盐；有的在山洞中，这就是石灰水滴落成的大小各异的钟乳石；有的在沼泽中，这是动植物腐烂后形成的石头。

这里的每一块石头都不是独立陈列的，而是和周围陈列的物品有着紧密的联系，显示了它们在自然界中的原始面貌。

这就是石头的世界！

石头的历史跟随者人类的历史前进。因为石头的变化太慢了，我们总是把它当成没有生命的东西。

这些石头代表着它们在自然界中的历史，我们已经参观完了。接下来，我们去看看最后的两个部分，看看石头在人类手中是如何变化的，看看石头在工农业上的应用。

在玻璃工业、陶瓷工业、搪瓷工业、冶金工业中，都需要用到石头。在这里，我们见到了关于石头应用的各种例子。石头在现代化的生活中变成了新的物质，比在自然界中的变化快得多。不管是天上掉落下来的陨石，还是在工厂中得到的石块，它们都在发生着变化，生长着，死亡着。因此，矿物学不是死板的、乏味的科学，因为它要研究的就是石头的生命史，以及包含在里面的各种规律。

1.3 去山里寻找石头

在我们周围，只有黏土和沙子，而没有石头；即使在河边找到一些石头，也是一些普通的石头，上面没有漂亮的花纹，颜色也不鲜艳，无法引起我们的兴趣。

于是，我们去山里寻找石头。在山中，有的地方是悬崖峭壁，有的地方是河水冲击形成的石质河床，有的地方在断壁或者石堆中间是一个湖，湖中的水闪着蓝色的光芒，我们就去这些地方吧。

我们这一群人中有老有少，带着锤子、背包、罐头、水壶，从列宁格勒坐上火车前往目的地。这条铁路是基洛夫斯克铁路，通往希比内，希比内可以称之为“矿物之国”，但不久前还是一片荒野，基洛夫开发之后，这个地方才繁荣起来。

谢尔盖·米罗诺维奇·基洛夫

希比内是海拔 1000 多米高的山地，它位于苏联遥远的西北部，在北极圈里面。这里有荒凉的山谷，还有几百米高的断崖，让人们望而生畏。在这里，半夜能够见到太阳，耀眼的阳光一连几个月照耀着高山上终年不化的积雪。这里在深秋可以看到奇幻的北极光，它像是散发着紫红色光芒的帷幕，悬挂在北极的森林、湖泊、山脉等上空。矿物学家观察后发现，这里还有许多科学问题，使他们联想到苏联北部大片的花岗岩古陆在地质年代的形成问题，这个问题及许多没有解决的问题，吸引着人们去寻找答案。

这里的自然景色是单调的，悬崖峭壁中长着平凡的地衣和苔藓植物，但这里有稀奇的矿物：血红色的石头，碧绿的霓石，紫色的萤石，暗红色的柱星叶石，金黄色的榍石……这里的一切色彩鲜艳、光怪陆离，我无法准确地描述出来。

我们全身上下都武装起来（我们带了各种各样的科学勘探用具：帐篷、锅、罐头、气压计、锤子、望远镜、凿子等），然后离开希比内车站向山中进发。越过一座座山峰，山谷变得狭窄起来，但是还能看见森林边上的一条小路，路上布满了杂草。我们在路的前方搭好帐篷，这里和森林地带相连，四周围全是云杉。帐篷里无比闷热，无数的蚊虫围在我们身边，既然来到了苏联的极北地带，夏天就一定会受到蚊虫的叮咬。因此，我们要把蚊网套在头上，还要带上手套。天亮了，陡峭的山头上出现了闪烁的红光，但现在仅仅是夜里两点。

白天非常炎热，就像在苏联的南方。周围到处是矗立的山峰，但没有深的山谷；往左看，在悬崖的顶上有一个裂口，里面堆满了积雪。

成群的蚊子围在我们周围，我们分成三组，在太阳晒得人发晕时，爬到几千米高的山上去寻找石头。

我们这一组费了好大劲，爬了整整一天，翻越好几个悬崖峭壁，踏过无数个碎石坡，终于到达山顶。在背阴处，白天的气温大约是24℃，到了晚上，山上开始刮冷风，气温下降到4℃。太阳在地平线上面的时间一天只有半个多小时。这是靠近极地的特有景观。我们从山顶上往下看，脚下就像是竖直的墙壁，高度大约是450米。这个数字无法让我们想象到断崖有多高，把圣彼得堡的20所高大的房子叠加起来，或者把四个半以撒大教堂博物馆叠加起来，就是这个高度。断崖的下面是一个巨大的冰斗，冰斗里面是昏暗的湖泊，湖面上漂浮着白色的冰块。断崖上面覆盖着非常大的雪块，雪块从断崖上垂落下来，像是长长的舌头延伸到冰斗中，这是没有成行的冰川。我们被这片景色迷住了，突然，我们在远处的天空中看见了5个人影，人影非常清楚，而且无比高大，但我们已经习惯了。不久后，我们听到他们的谈话声。

很快，声音和人影都来到我们附近，原来三个小组在相差不多的时间里到达断崖的山顶。不过，冷风很强，温度太低，我们不能长时间站在这里。于是，我们把断崖的形状画下来，又去悬崖边看了看陡峭的斜面，收集了一些石头，然后沿着布满积雪的小桥向南面的山顶走去。可是，倒塌下来的一些大石块挡住了我们的去路，我们没有办法爬过去，只好停下来。

没想到，我们在这些石块面前发现了奇迹，找到了苏联北部没有出现过的绿色磷灰石。

这是多么珍贵的资源，多么伟大的发现啊！磷灰石是一种珍贵的矿物，这种稀有的矿石值得运送到世界的每一个矿物博物馆中。

我们开始往下走，这里有一个狭窄的山脊，有一个小组就是从这条路上山的。现在，我们通过这条路下山，把绳子挂在悬崖上，拉着绳子慢慢往下滑，到达宽阔的山谷中。我们发现有些地方有美丽的三斜闪石晶体，但由于忙着观察石头，所以缓解了下滑时的紧张心理。不过，太阳炙烤着所有的东西，蚊子又出现了，而我们距离搭帐篷的地方还很远。第三天将近中午的时候，我们才走到帐篷那儿，每个人都筋疲力尽了；在那里，有一个留守队员，脖子上缠着黑色的防蚊网，正在等着我们。

最后，我们躺在帐篷中，睡眼朦胧地交谈着关于勘探的感受。我们把事情经过回忆了一遍，检查一下收集到的矿石，大家的体会是：花费的力气很大，但收获却很小。留守的同伴对我们讲起白天发生的事情。他说，他去附近的一个凹地散步，发现了一些有趣的矿物。这个发现是否重要，只要到凹地中看看就知道了。虽然我们很疲惫，一连好几夜没有休息好，但我们还是离开帐篷，去查看新发现的矿物。在路上，有些人非常疲乏，只好爬行前进。到达目的地后，每个人都振奋起来，每个人的心里都惊讶极了。原来，这是一个很大的矿脉，里面是极其罕见的矿物，属于褐夕铈矿。

看见这个矿脉，我们就想到了关于阿古萨姆人（也称洛帕尔人）的传说，

一个阿萨姆人家庭，拍摄于 1900 年

萨姆人的血凝聚之后，变成了雪依特雅芙尔湖岸边的红色的石块。

如果一个人没有收集过矿物，就不会了解矿物学家的野外工作。这件工作需要投入全部的精力，发现新的矿床是值得高兴的事情，但做这件事时需要保持高度的注意力，还要有若有若无的领悟能力。这件事有着许多趣味，有时会让人产生陷入热恋的感觉。我们这三个小组，无比兴奋地谈论自己的感想，我们争先恐后地展示自己收集的矿物，因为有了收获而感到骄傲。

这次的收获鼓舞了每一个人，虽然大家疲惫不堪，我们还是一起走进凹地，来到灰色的断崖边收集石块，这里到处是五光十色的石头。

我们发现了含有多种珍贵矿石的矿床，接下来就是研究希比内的矿脉，然后把开采出来的石头运到希比内车站去，在那里深入山中，继续勘探。

我们接连工作了三天，把希比内矿脉上的巨大石块挪开，用笨重的大锤子砸碎石块，还用炸药把悬崖炸开。希比内的山中第一次出现爆炸声，我们从山里运出去几百块矿石。

在这次勘探中，还发生了许多有趣的故事，我就不再说了。在接下来的 20 多年里，我们每年春天都会去希比内苔原，每次都可以找到珍奇的矿物，带回成百上千千克的石头。

我们去希比内的后几年和前几年一样，总是在夏天最热的时候工作。那时候，蚊虫特别多，在我们身边飞来飞去，我们用黑

1923 年，萨姆人用鹿群把勘探人员从希比内苔原收集到的矿石运送到伊曼德拉车站

色的布把头包住，这时的夜晚和白天一样明亮；在这个季节，融化的雪水到处奔流，像波浪一样，阻挡了我们前进的脚步。

到了深秋，我们才会离开希比内。这时，希比内的山顶被初雪覆盖，墨绿的云杉烘托着泛黄的白桦树，北方极地的漫漫黑夜已经来临，我们时常会看到这样的景象：淡紫色的北极光照亮了荒芜的山地。

1923 年，作者在希比内的苔原和荒野中勘探两个月后，回到自己在伊曼德拉的住处

通过这几幅图画，我希望大家喜欢上苏联北部山地的景色。你们可以去北极圈，也可以去克拉半岛希比内苔原的山顶。我愿意点燃宿营的火苗，掀起探索矿石的热潮，让我们的青少年投入到矿物学的研究中去。

让我们的青年来到大自然中，在恶劣的环境中锻炼自己的意志，让矿物研究站成为科学研究的重心。我希望有新的脚印出现，希望希比内苔原成为旅游中心，成为教授大家矿物学知识的殿堂。

几年前，我写下了上面这两段话，那时的希比内苔原是一片荒野，地下的宝藏没有人知道，整片的苔原、荒林、岩石杳无人迹。现在，这里的湖畔出现了基洛夫斯克城，还有了铁路、电报、电话、高压电线、工厂、矿山、学校、技校等等。正是因为有了绿色的磷灰石，这里才有了各种建设。

在北极圈远处的一片山地和高山湖的旁边，有一个高山植物园，还有一栋豪华的建筑物，这就是科学院希比内矿业研究站，里面有实验室、博物馆、图书馆，这些都是纪念物，为了纪念 30 年前我们的探险队一步步走过沼泽和荒林，最后征服了希比内的苔原和高山。

1.4 在马格尼特矿山上

很久以前，我就想去考察一下由磁铁组成的山[①]，参观一下苏联新兴起的钢铁都市——马格尼托哥尔斯克[②]。现在，终于有时间了，我早晨乘坐飞机，从斯维尔德洛夫斯克出发。

我们沿着乌拉尔山脉向南，有时从黑云下面穿过，有时在白云上面飞行。我们隔着云层观看下面，隐隐约约看见大山脉的高处是黑色的矿脉。不久后，我们飞过了车里雅宾斯克，看到城市中雄伟的建筑物；接着，我们越过亚历山德罗夫斯克山和尤尔马的右面，地面上的东西被云层遮住了，无法看清楚。

突然，驾驶员让我去前舱，指了指不断左右摇晃的罗盘。我明白，这是飞机下面巨大的磁石造成的。我心里想："我们的飞机应该在马格尼特山的上空。"这时，飞机突然急转弯，接着急速下降，云彩一下子就不见了，我们见到了另一幅景象：马格尼托哥尔斯克袅袅上升的炊烟。我们就像是在看平面图，70 平方千米以内的景物尽收眼底，西面是乌拉尔河，河水闪着亮光，弯弯曲曲地向前延伸。到处是普通火车、电动火车、汽车等交通工具，这些东西在飞机上看像是玩具车。

飞机的飞行速度越来越慢，从工厂的西面绕过去，然后朝东飞向马格尼特山。等到看见这座山的样子，我的心里很失望，无数个小山丘，没有森林植被，只有一些像田垅的东西，到处是铁路线，还有各种机车冒的烟。我觉得这座山很普通，没有什么了不起的。不过，飞机越飞越低，很快越过了马格尼特山。飞机开始在美丽的羽茅草草原上滑行，我们的目的地到了。

---

①"马格尼特"的俄文含义是"磁铁"，这里所说的磁铁生成的山就是指马格尼特山。——译者注

②马格尼托哥尔斯克指的是马格尼特城。——译者注

为了节约时间，我们一下飞机就坐上汽车。我们的计划是这样的：首先去察看一下矿山，再去看看碎矿场和选矿厂；然后去看看鼓风炉、铸铁情况和各种矿渣；最后去看看平炉和轧钢车间，了解一下生铁变成钢的过程，钢锭是怎样变成最初的粗制品的。接下来，我们还要参观一下发电站，它的发电量很大，仅仅比第聂伯水电站差一点；我们还要参观一下炼制焦炭的炉子，提炼各种气体的炉子；还要去看看规模巨大的造砖厂和耐火黏土厂；最后去看一下石灰石、白云石、沙子等建筑材料的开采面。

建筑工程师带领我们参观了所有辅助车间，这时我们才明白，在提炼一吨矿石的时候，还要使用一吨的辅助材料；这些材料有的用在鼓风炉中，有的用在炉衬、修路、建筑等上面。钢铁厂在工作时，不仅要吃掉矿物煤，还要吃掉几十种其他矿物，例如，锰矿石、铬矿石、菱镁矿、白云石、石灰石、高岭土、耐火黏土、石英砂、石膏等等。

我们首先要去考察一下矿山，但汽车无法行驶，几十条铁路线挡在我们的面前，我们只能一步步地走向马格尼特山。这个山被螺旋形和环形的铁路包围着，自从工厂建设起来之后，每天都有火车来这里拉矿石。就矿石的开采量而言，第二次世界大战之前的三百多个乌拉尔山也不能和一个马格尼特山相比较。

我们沿着山上的台阶往上走，慢慢来到阿塔赤主峰，看见马格尼特山上的许多个工作面闪烁着金属光泽。这里的磁铁矿很纯净，有的在地面上，可以露天开采。

1742 年，这里发现了磁铁矿，但是，二百年后，这里的矿石才成为苏联的建设材料。乌拉尔山的南部本来是寂静的羽茅草草原，在最近几年，开始开采马格尼特山上的矿石，这里的面貌发生了变化，这里有了伟大的建筑，出现了规模巨大的钢铁工厂。

不久后，我们进入钢铁世界。在这里不能戴手表，因为表针是钢质的，磁铁会干扰它的运行，使它走得不准。这里有磁性的石块可以吸引碎石屑和矿屑，有些甚至可以吸起铁钉，或者小刀等物品。

磁铁矿具有钢灰色金属光泽，看起来非常耀眼。有时候，这种矿也会生成黑色的晶体颗粒，或者掺杂着黑色的物质。在意大利厄尔巴岛上的磁铁矿矿坑中，你可以见到各种各样的磁铁矿晶体，在这里却没有那么多样式，因为这里的矿石非常致密、纯净。

我们看腻了单调的磁铁矿，开始注意磁铁矿的各种变化，寻找被氧化以后生成的赤铁矿。在一些地方发现了青蓝色的赤铁矿。我们面前出现了各种颜色的黏土，暗红色的石榴石颗粒，绿色的绿帘石，艳丽的绿高岭石，它们带领我们去探索磁铁矿的生成秘密。

我们继续往下察看，见到了具有金黄色光泽的黄铁矿；还有水流过之后产生的绿色痕迹，这是铜的痕迹。我们还发现了伴生矿物，证明矿石中含有少量的磷和硫。

于是，我们明白了，三万万多吨的铁矿在地下深处的熔岩中是怎样形成的。这里刚生成的铁矿流到古代的乌拉尔的石灰岩中，为形成世界著名的矿山打下了坚实的基础。

现在，我们必须离开这个地方，人们在这里用钻机挖了几百个爆破孔，里面埋了炸药，马上就要爆炸了。不久后，炸药爆炸，尘土飞扬起来，有些石头被炸到空中去，像是漂亮的烟火。

磁铁矿被炸成了无数块矿石，挖掘机接近这些碎块，一下子就挖走了将近四吨的矿石，然后把它们倒在车皮厢中。

这里有四个机械化的大铲子，一昼夜可以运走几千吨矿石，但机械工人很少，只有八个人。

大自然在苏联的地下埋藏了丰富的宝藏，苏联人民运用自身的智慧和先进的技术把这些宝藏挖掘出来，这两件事情都是了不起的，但我不知道哪件事情更了不起。

跟我一起来的朋友先离开这里，去参观工厂的其他部分，例如：鼓风炉、轧钢厂，还有各个车间等。因为我是研究矿物的，所以留在矿石旁边。

我不解的是：苏联的矿物、乌拉尔山的宝藏是值得骄傲的，矿工的毅力是值得称颂的，为什么没有矿物学家描述这些事情呢？苏联岩石学家扎瓦里茨基早就在这里做过地质研究，按理说矿物学家应该紧随其后，拿着放大镜研究这里的废石堆和矿堆，弄清楚岩石的性质和结构，并对这里岩石的构造进行详细的化学分析和矿物学分析。不过，为什么没有矿物学家这样做，这里面到底有什么原因呢？

傍晚时分，羽茅草草原在落日的照耀下闪闪发光，飞机上铝合金制成的银燕呈现出玫瑰色，我们接到机场的电话，催促我们去上飞机，我才依依不舍地离开矿山。

1.5 山洞中的石头

山洞是一个有趣的地方，能够引起人们的好奇心。通过狭窄的洞口弯弯曲曲地向前延伸，里面黑乎乎的，非常潮湿；提着蜡烛进去，烛焰不停地颤动，好一会儿眼睛才能适应这种情况。山洞很深，洞里还有许多分岔，有时非常宽敞，有时笔直往下，有时是看不见底的深渊，有时是狭窄的通道。不管是用绳子还是链子，都没有办法测量出山洞的深度，不知道弯弯曲曲的道路的尽头在哪里。小时候，我去克里木山洞玩的情形，现在还记得清清楚楚：山洞里的蝙蝠飞来飞去，水一滴滴地落下来的滴答声，像是有着节奏的音乐，脚下的石块常常会往下掉，发出轰隆隆的声音；碎石块不停地往下掉，半天还在响，不知道会掉到多深的地方，接着传来水的飞溅声，这是地下的河流、湖泊发出的声音。为了听清楚地下的声音，我竖起耳朵仔细听。不过，令人惊奇的是，山洞中的有些地方很漂亮，有些地方很奢华，有的是精致的花纹，有的是高大的柱子，有的像裁剪的树木一样整齐，有的是从上面垂下来像花环、帷幕一样的东西。山洞的石壁上到处是沉淀出来的不同颜色的矿物，这些矿物的形状千奇百怪，让人产生各种联想，有的像是巨人像，有的像是大型动物的骨头，还有的像是各种植物。洞壁上最常见到的是由碳酸钙组成的方解石，这是一种全透明或者半透明的矿石，是从洞壁内渗透出来的水滴沉淀成的。一滴滴的水珠在洞壁上流过，流过的地方会留下方解石的沉淀。这种沉淀慢慢积累，逐渐在洞顶形成凸出的东西，然后变成乳头，最后成为一根管子。管子开始是空心的，但水滴还在往下滴，管子变得越来越长，终于成为细细的长条。从洞顶垂下来的长条很多，像是森林里的树木；同时，在折断的管子上面覆盖着一丛丛白色的泉华，这些泉华慢慢堆积成形状各异的东西。从洞顶往下生长的称为钟乳石，从地面往上长的称为石笋；钟乳石和石笋越长越接近，最后连在一起，形成了巨大的石柱或者紧密相连的花环。这些石灰岩有着不同的样子，有些地方像是瀑布，有些地方像是小树林，还有一些地方像是花团锦簇的花圃。碳酸钙晶体的形状非常多，很难一一列举出来，但每个山洞都有自己独特的地方。因此，一个青年矿物学家来到这样的山洞中，对各处都充满了好奇心，越想弄清楚就越糊涂，这也不是稀奇的事情。地下水慢慢渗透到岩石的裂缝中去，这些水的活动状态决定了山

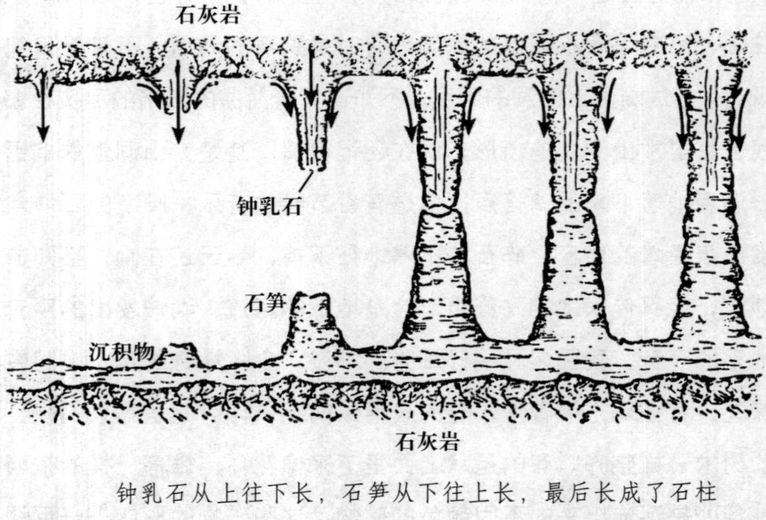

钟乳石从上往下长，石笋从下往上长，最后长成了石柱

洞的样子，这一点我们很清楚。不过，石灰岩是如何溶解到地下水中，又是怎样沉积出来的，这些复杂的过程我们就不明白了。有时候，我们能够亲眼目睹碳酸钙的沉积，例如，彼得宫城的地下室中有许多巨大的钟乳石，高度超过1米，这些钟乳石都是在10年内形成的。在列宁格勒基洛夫桥的下面，每年都会从石灰水中沉淀出小巧的钟乳石柱子。沉重的电车在桥上行走时，这些石柱就会晃动。虽然碳酸钙在石灰水中的沉淀在城市中进行得非常快，但自然界中的石灰水是一滴滴汇聚成的，几千年甚至是几万年才会生成粗大的碳酸钙石柱。

不过，山洞中的矿物不是只有碳酸钙，还有其他的矿物。中亚的大重晶石山洞非常有名，深60多米，在这个山洞中有方解石和重晶石两种矿物，它们混合在一起分布在洞壁上。这个山洞非常大，洞壁上的重晶石形状各异：有的连在一起，有的像屋檐，还有的是大颗的闪亮晶体。用电石气灯照着可以发现，重晶石在某些地方的洞壁上聚集成堆状物，足足重好几十吨。在这个山洞中，有一个地方的重晶石非常奇特，我们把这个地方称为“禁采区”。在其他的山洞中，没有这样的区域。

沉积岩盐的山洞也很有特点。这种山洞非常大，里面很宽阔，很容易受到水的冲击，也很容易从水中沉淀生成各种物质；绝大多数生成物的形状和方解石的形状相同，主要是细长的管子和帷幕。

有时候，岩盐的结晶作用非常慢，进行得很平稳，这时水溶液中就会沉淀出像玻璃一样透明的立方体的盐晶体，看起来亮晶晶的；水溶液中也可以沉淀出大块的岩盐，形状很规则，类似于立方体，某条边多1米或者某条边少1米，而且是透明的。

墨西哥的一个山洞中就有类似的晶体，但这些晶体是石膏，而不是岩盐，形状不是立方体，而是像三四米的长矛或者粗针。在这个山洞中，有些地方的石膏是成簇的，有些地方的石膏像是密林；这些沉积物非常大，而且是透明的，像是古人留下的玻璃武器。石膏还有其他的形状：有的像洁白的雪花，有的像柔软的绒毛，还有的像苔藓植物。

不过，山洞中生成物的形状远远不止这些，只要去参观一下乌拉尔西部著名的孔古尔山洞，你会在这个地下城中见到奇异景色，白色的石膏闪闪发光，折射出各种颜色。我来到这个山洞中，映入眼帘的是像手掌大小的六瓣花朵，看起来和冰类似，在这里见到的景象，很难用言语表达出来。跟孔古尔山洞的白色不同，绍林吉亚的一些山洞中到处是蓝绿色和红色。在一些大山洞中，用手电筒照射洞壁，可以发现许多罕见的矿物（主要是磷酸盐）泉华，闪烁着各种色彩；这些山洞在三百多年前是矿坑，现在变成了美丽的钟乳石山洞，成为了人人向往的旅游景点。

北美洲有几个非常大的山洞，有一个地下通道绵延 40 多千米，还有一个特别宽敞的山洞，可以容纳 100 多米高的以撒大教堂博物馆。

山洞中还有许多珍奇的矿物，想说也说不完。

矿物学中还没有人描述过山洞，如果青年矿物学家仔细考察一下山洞中的沉淀物，可以把奇形怪状的沉淀物画出来，再加上详细的说明，绝对会促进矿物学的发展。不过，青年矿物学家去山洞中考察时，一定要好好保护山洞。有些观察者会破坏山洞原有的样貌，折断钟乳石，在某些地方题辞，不仅使山洞中的美景失色，也降低了山洞的科研价值，给山洞造成无法弥补的损失；这种情况很普遍，一定要注意避免。

1.6 湖泊底部、沼泽底部、海洋底部的石头

不仅山中、采石场、矿山里有矿石，湖泊、沼泽、海洋的底部也有矿石。如果只有构成悬崖峭壁或者山脉的石头才称为矿物，那么，湖泊、沼泽、海洋的底部肯定没有这种石头。不过，如果把非生物界的组成部分称为矿物或者矿物的生成物，不去考虑这些组成物的生成条件，而考虑湖泊底部或者海洋底部的生成物质，那么，矿物学家就可以在湖泊、沼泽、海洋的底部找到许多罕见

的矿石。有一次，我坐着火车经过莫斯科的近郊，看见沼泽地里挖了许多沟，挖过的地方都是蓝色的；工人用铲子扬起鲜蓝色的土壤，沟的周围闪耀着蓝色的光芒。在下一站，我急忙下了火车，沿着铁路往回跑，想要去研究一下罕见的矿物。来到沼泽地上才发现，这里到处都是植物；死去的植物铺在地上，看起来像是褐色的毯子，这就是泥炭，里面夹杂着蓝色的土壤，土壤中还有蓝色的石块。我回去的时候，带了一些蓝色的石块；查书后才知道这种矿物是蓝铁矿，主要成分是磷酸铁，是动植物死亡后形成的。沼泽地里的生物不时死去，慢慢腐烂成泥炭和蓝铁矿，我们可以亲眼看到它们的生成过程。有时候，它们堆积在一起，形成的泥炭可以当做燃料，蓝铁矿也可以当做颜料或者肥料。

在沼泽地里，我们可以亲眼看见矿物的生长。等到春天涨水的时候，大量的水流到湖泊和海洋中去；这些水是黄褐色的，里面不仅有灰褐色的有机物，还有大量的铁和其他的金属物质。这些物质慢慢在湖底沉积，就像是玻璃杯中的水垢沉在杯底。湖底的这些物质是黑褐色的，不仅覆盖了水底的石块，还包住了湖中植物的残骸和沙粒。这些沙粒在湖岸上不断翻滚，包裹在它们外面的黑褐色物质也越来越厚；几百年后，一个个的小黑点就会长成豌豆那么大，湖底有很多这样的颗粒。在微生物的作用下，这种含铁的沉积物聚集得越来越多，慢慢形成了具有极高价值的铁矿层。

这种铁在海洋底部的沉积物更加特别，芬兰湾、白海、北冰洋都有这样的沉积物。苏联的渔船用特殊工具打捞海底的沉积物，有时候能够捞到手掌大小的沉积物（也叫做“结核”或者“结核体”）。一般情况下，这些沉积物是扁平的，常常和小石块、碎石屑在一起。它们在海底的分布很广泛，有的像褐色的铜钱，有的像圆圆的烧饼，苏联的矿物学家说：苏联北部的海底世界是最奇特的铁矿山。

最近几年，矿物学家开始研究海洋底部的情形。根据研究结果可知，海底有着各种各样的矿物。这些矿物有的沉积在泥浆里，有的沉积在比较硬的地方。贝壳的碎屑和动植物的尸体会沉在海底，在漆黑的海底深处生成各种矿石。有些石头聚集在成群的鱼虾死亡的地方，这里是寒流和暖流交汇的地方；有些石头是由白色的贝壳堆积而成的；还有一些石头是放射虫身上的棘针聚集成的，等到放射虫死后，大量的棘针聚在一起形成了石头。这个过程在昏暗的海底缓慢地进行，死亡后的动植物变成了各种化石，给地球上增添了许多没有生命的矿石。

1.7 去沙漠寻找石头

看腻了城市中的繁华喧闹，我们想离开城市，去偏远的地方走一走。于是，我们想去沙漠中待一段时间，研究一下沙漠中的矿物，寻找沙漠的生成秘密。

我们做好了充分准备，然后从土库曼的盖奥克 - 捷佩村出发，向着著名的卡拉库姆沙漠前进。

几个小时后，我们进入沙漠。流动沙子在小麦田里堆积。灌溉渠中流出来的水是浑浊的。沙漠的下面是隧道，这些隧道一直通到伊朗的地下，隧道从地下深处吸收水分，然后带去遥远的地方。

我们在沙漠中待了不少日子。我们的队伍慢慢走着，一个小时只走三四千米的路程。一头骆驼在我们的前面带路，它带着我们走的这条路很多人在走，这条路是从伊朗到花剌子模[①]的，在历史上很有名。我们骑着马，跟在向导员的后面，其实，向导员可以骑着骆驼前进，只是骆驼的背上有200多千克的重物了，为了减轻骆驼的负担，向导员选择徒步行走。

白天的温度很高，耀眼的阳光晒得人头晕眼花，晚上却是冷飕飕的。在阳光的照射下，白天沙地上的温度有30℃，晚上的温度则是零下好几度。我们在沙漠的第一个星期里，经历了各种不同的天气，有时寒风刺骨，有时暴雪飞卷，

①中亚地区的古国，位于现在的乌兹别克斯坦和土库曼斯坦的土地上。

有时阳光和煦，有时烈日炎炎。这就是沙漠的气候，冷热之间有着巨大的差异。我们慢慢适应了这样的环境，白天走了30千米的路，停下来休息时都很疲惫。我们围在营火旁边取暖，晚上在冷冰冰的帐篷中过夜。不用担心没有柴来生火，因为这里像是一片森林，树木是中亚独有的盐木和沙木，所以到处是干柴，甚至有一次烤火时差点引起火灾。

沙漠有时会出现斜坡，有时会出现山丘，还会形成山脊和沙丘，黄色的沙子像一条条带子和一座座山头，阻碍了我们前进的脚步，骆驼和马匹费了好大的劲才走过这些地方。越往北走沙子的颗粒越大，而且是黑色的，我们在其他地方见不到这样的黑色沙粒。也许就是这个缘故，这些沙漠被称为“卡拉库姆”[①]。向导员向我们解释，“卡拉库姆”的意思是可怕的沙子，这种翻译很符合实际情况。有时候，我们也会遇见平坦的干地和盐沙地，这两种土地甚至会广达好几千米。干地上是一些红色的黏土，非常硬，马在上面行走时会发出“哒哒”的响声；盐沙地比较柔软，类似于盐沼地。有些干地上有水井，这些水井对我们来说非常重要，因为在沙漠旅行时的用水完全依靠这些水井。

我们沿着沙漠往前走，第十天的时候，在一处沙丘上见到了新鲜的东西。在沙子的海洋中，远处的地平线上，有一些尖尖的小山和悬崖，它们是由沙浪组成的。沙漠使我们失去了辨别大小的能力，看起来它们非常大。在这些山崖的后面，隐隐约约有一条沙带，用望远镜可以看清楚，这条沙带是外温古兹的边缘地带，温古兹一直以神秘著称，我们的目的地在它的前面。

我们穿过沙地，又往前走了30多千米，直到黄昏以后，太阳落下地平线，我们到达一片盐沙地，周围是黄沙组成的小丘陵，中间是契麦尔利沙丘，陡峭凶险，看起来好像无法爬上去。沙丘的脚下是被风浪吹成的悬崖，在盐沙地上面隐隐约约可以看见一些洞穴，这是土库曼人挖掘的，是为了开采磨石。

第二天早晨，太阳刚刚升起来，我们就出发前往契麦尔利。我们想要去看

①卡拉库姆沙漠在土库曼斯坦共和国境内，面积大约是35万平方千米。西临里海、北临咸海、东北是克孜勒库姆沙漠、东南是阿姆河。沙漠上人烟稀少，平均6.5平方千米才有一个人。

看沙地上有什么样的石头，就沿着碎石屑向契麦尔利山顶爬去。沙石块呈现出各种颜色，就连燧石也闪出不同的色彩，契麦尔利的斜坡上到处是这些石头。顺着陡峭的悬崖往上走就来到平坦的山顶，山顶上布满了硫磺矿石。这是一个很好的资源，我们拣了好几块矿石，深信卡拉库姆沙漠盛产硫磺的传说是真的，硫磺是土库曼的宝藏。

在契麦尔利的山顶上，有一些鲜黄色的硫磺巢。这里还有许多挖掘出来的洞穴，说明人们早就来这里开采过硫磺了。硫磺矿体的表面上覆盖着一层石膏和燧石，这层表壳非常特别，我开始研究，想要弄清楚产生这层外壳的原因，同时，一起来的人开始勘探地形，画平面图。

从山顶上往四周望去，到处是沙丘，有些沙丘的中间是黑色的盐沙地，比较

土库曼人用骆驼运送货物

远的地方是浅红色的干地，干地周围是鲜黄色的沙粒，像是漂亮的花边。我们的周围是几十个孤立的小山丘，有的像火山，有的像月球上的环形山，还有一些险峻的悬崖。往更远的北方和东方看去，可以看见一群群的沙丘，其中有些是金格利，盛产稀有的“皂石”[①]；有一些是托普-秋尔巴，跟著名的希赫人[②]有着密切的关系。

我们收集了许多矿石，这一天的收获很大。我们的朋友土库曼人帮助我们把矿石运到帐篷中，还把这些矿石包装好。

但是，我们还要一直往前走，直到到达卡拉库姆沙漠的中心。一路上，我们不时见到炉灶和住宿的痕迹，这说明为了寻找硫磺，早就有人来过这里。前面出现一个小山丘，山丘的顶上是一个巨大的开采面，里面是纯净的硫磺，闪耀着黄色的光芒。根据这个山丘的大小判断，里面含有好几十万吨的硫磺。在开采面的缝隙中，点缀着大颗的琥珀色的硫磺晶体，山丘的顶上覆盖着一层厚厚的石膏和燧石。当我们快要离开这个山丘的时候，抬起头眺望远处的砂砾地带，看着狂风刮过形成的低凹地，然后，我们和希赫人一起举行了营火晚会，听他们讲述自己的故事，才明白他们以前想要找到可以使用的水井是多么困难的事情。

这就是我们在1925年第一次去卡拉库姆沙漠的过程，后来，我们又去过两次。现在，卡拉库姆沙漠中建立了许多硫磺工厂，生产工作进行得很顺利，还建立了科学站、气象台、诊疗所、学校。到那里去考察不用再骑骆驼了，因为有了汽车和飞机航班。

---

①皂石是滑石的一种。——译者注

②希赫是土库曼的一个民族。——译者注

1.8 耕地、田野中的石头

我们知道，在湖泊和海洋的底部能够找到矿石，那么，矿物学家在耕地和田野中是不是能够找到有趣的石头呢？一般来说，耕地和田野中的石头是人们眼中的障碍物，当人们在耕地时见到碎石或者石块，总是扔到路边，或者运回家里砌院墙。不过，土壤是由石头变成的，它本身就是非生物界不可分割的一部分。

如果你去许多地方旅行过，又有一双善于观察的眼睛，你就会发现，每个地方的土壤是不一样的。在形状和颜色方面，不同地方的土壤有着明显的变化，河岸上的土壤层次感比较强，像是颜色分明的图画。

小时候，我的一次旅行是从俄国的北部往南一直到希腊。现在，我依然清楚地记得，那次旅行中的景色有着怎样的变化。乌克兰南部草原上的土壤是黑色的，而克里木和敖德萨的土壤是褐色的。后来，越过博斯普鲁斯海峡，来到土耳其的伊斯坦布尔这一带，发现这里的土壤是栗红色的。当我们的轮船在希腊靠岸后，我见到了鲜红色的土壤，上面是白色的石灰石，令我印象深刻。

以前，人们不去注意土壤的颜色，只是认为土壤是地球表面的一层土。后来，俄国著名的土壤学家道库恰耶夫第一个注意到土壤，并开始研究土壤的构造、成因、生成过程。在苏联科学院土壤博物馆中，一个大箱子里面装着土壤，土壤的分布和自然界中土壤的分布一样，也是有层次的。把箱子中的土壤从上往下切开，你会发现土壤是多种多样的，用肉眼难以分辨清楚。土壤里有许多非常小的颗粒，不仅肉眼看不见，就是用放大镜或者显微镜也无法看清楚。不过，这些小颗粒也是矿物，只是命运比较特殊，因为土壤有着独特的生命史。

土壤是由各种石块和岩石变成的，在这个过程中，阳光和雨水起着重要的作用。太阳的热量可以使岩石崩毁，雨水中含有的二氧化碳和五氧化二氮，也可以破坏岩石。而且，空气中的氧气和二氧化碳，也可以使石头破裂。极地的温度很低，土壤的生成速度非常慢；南方的沙漠中，白天的温度很高，阳光的曝晒使水的温度能高达 80℃，把鸡蛋放进去就能煮熟，所以对矿物的破坏作用也很大，风吹走了细小的颗粒，只留下无数的沙子。可是，在中纬度地区，生成的土壤非常厚，那种厚度不是一二米，而是几十米，甚至几百米。

许多人认为，土壤指的是岩石被破坏后形成的细小物质。其实，土壤比这种物质复杂得多，因为土壤不仅受到温度的影响，还受到季节的影响。好多植物和动物在土壤中生长，最后也在土壤中消亡，因此，土壤和在它上面生长的生物有着密切的联系，无法分割开。实际上，土壤本身就是一种活物质。里面有最小的微生物，还有好多种有机体。一克土壤只有一点点，但里面含有几十万个非常小的有机体，随着土壤深度的增加，有机体的数量急剧下降，在 1 米深的地方已经没有什么有机体了。许多生物在土壤中活动，例如：啮齿动物、鼹鼠、蚂蚁、蚯蚓甲虫、毒蜘蛛，甚至是某些蜗牛，有些生物还吃土壤，土壤经过它们的身体，最后还是会回到地里。我们知道，每公顷的土地中，每年有 20 多吨的土壤会经过蚯蚓的消化器。在马达加斯加岛上，有一种蠕虫叫做食土虫，每年要吃掉几十亿立方米的土壤。

既然这些蠕虫可以吃掉土壤，那么，土壤中含有的矿物也会在它们的体内发生变化。

在一百年的时间里，有些地方的蚂蚁可以把当地表层的土壤翻腾一遍，热带白蚁进行的工程就更巨大了。树根、落叶、干枯的茎，这些东西的生存和变化都在土壤中发生，依靠着土壤，同时也改变着土壤。

由此可知，土壤的生命史是特殊的，土壤是非生物界的一部分，但它的发展变化离不开有机体的作用，因此，土壤和有机体是分不开的。

矿物学家也不想把自然界分成几个独立的部分，然后研究某一部分的现象。其实，自然界是各种力量综合作用的复杂的整体，其中也包括人的活动；没有生命的矿物只是其中的一部分，而且是不可或缺的一部分。

1.9 宝石橱窗

我有一种爱好，那就是站在宝石橱窗前看里面的东西。我看见电灯光下五光十色的宝石，就会忘记宝石所代表的奢华和虚荣，也忘记了得到一颗宝石需要付出的代价。我也不去考虑，宝石的历史常常和无数人的喜悦、悲伤，甚至是犯罪有着紧密的联系。我能够想到的是：宝石的历史在我的眼前一段段闪过，带领着我去探索地球的秘密。

在这个橱窗里，放着一些项链，项链上镶嵌着各种各样的宝石，非常漂亮，有的像透明的玻璃，发出五光十色。它们来自炎热的印度、非洲的沙漠、巴西的热带丛林，看起来和寒冷无关。

我看着橱窗里的宝石，想到了南非的金刚石产地，那些巨大的、深不可测的黑色岩石。凯弗人[①]在那里被奴役着，他们把地下深处的石头挖出来，然后用小吊车吊到地面上去。到达地面之后，把这些石头装到车上，运送到工厂去。在工厂里，先把这些石头挑选一遍，然后用冲洗机洗干净，再用传送带送走，金刚石在传送带上闪闪发光。传送带周围高温、炎热，毒辣的太阳照射着疲惫不堪的工人，还有生产金刚石的工厂。工厂里面摆满了大桌子，上面放着各种各样的金刚石，有好几百种，有些是纯净的大颗粒的晶体，还没有琢磨，有些是黄色的、玫瑰色的、绿色的晶体，还有切玻的金刚石、镶边的金刚石等。

这里到处是金刚石，每年都有大量的金刚石运送出去。首先运到伦敦、巴黎、安特卫普、纽约、阿姆斯特丹、法兰克福等地区，然后再运送到世界上其他的地方。

①凯弗人是南非的一个民族。——译者注

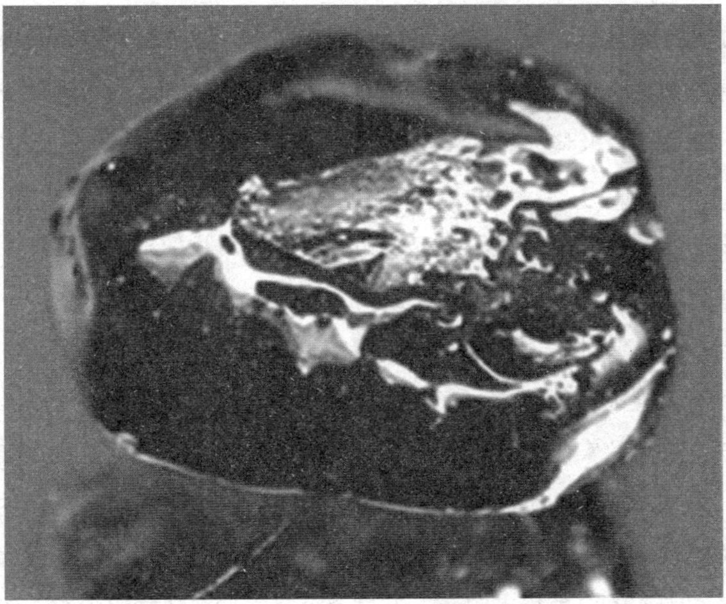

红宝石

我在一个橱窗中看见一枚戒指，上面镶嵌着一颗红宝石，这颗宝石闪烁着红色的光芒，由于隔着橱窗，我无法看清楚它是什么宝石。

不过，我可以判断出红宝石的产地是东方，例如：印度、泰国、缅甸等国家。苏联以盛产绿色宝石著称，如珍贵的祖母绿、鲜绿色的石榴石、海蓝色的蓝宝石等，但东方产得很少。东方是红宝石的世界，色彩鲜艳，各式各样，就花样而言，任何地方出产的红宝石都无法和东方的红宝石相媲美。泰国有血红色的红宝石，缅甸有鲜红色的宝石，印度有樱桃红的石榴石，印度德干高原有红褐色的光玉髓，在东方能够找到各种色调的红宝石，它们交错在一起。

印度民间流传着这样的传说：

南方明媚的阳光给亚述大神带来了旺盛的元气，这些元气聚集在一起产生

了宝石。统治着兰卡的大神和亚述大神世代有仇，就派暴风雨去对付亚述大神……于是，血流到河里、深水里、棕榈树丛里。此后，那条河被命名为拉瓦那干嘎河。那些血变成了红宝石，等到天黑之后，红宝石的内部就会出现神幻的火焰，透过这些火焰可以看见各处的水。

印度的神话为我们描述了红宝石的生成过程。我们不能确定这个故事是从什么时候开始流传的，也许是六世纪。

红宝石让我想到了巴黎之行。

在距离巴黎不远的地方，有一个人烟稀少的小城镇，那里有一条街，街的旁边有一个简陋的实验室。这是一间非常小的屋子，里面的温度很高，到处是水蒸气，桌子上放着几个圆柱形的仪器，每个仪器的上面都有蓝色的小孔。一位化学家透过这些小孔观察火炉的情况，他不时调整火焰，控制好通往火炉中气体的量和吹入的白色粉末的量。五六个小时之后，他关闭火炉，然后把细轴辊上的红宝石取下来。这样的红宝石非常脆弱，取下来的时候一不小心就会破裂，变得一文不值。

以前，这间屋子是著名的亚历山大实验室，主要用来制造红宝石。人类运用自己的智慧，制造出人造红宝石，和天然的红宝石一样漂亮，难以区分真伪。于是，大量的人造红宝石进入市场，运往东方，成为缅甸红宝石的强劲对手。

我看见橱窗的一个角落里有一枚胸针，上面镶嵌着一些碎钻，其中有一粒祖母绿，闪烁着绿色的光芒。

毋庸置疑，祖母绿是所有绿色的宝石中最珍贵、最漂亮的，民间有许多赞美祖母绿的诗歌。在古代的神话中，它也占有一席之地，被赋予神秘的力量。

我们来看看关于祖母绿的传说：

首先，印度有一段美丽的神话，这段神话体现了东方人的想象力。

龙王瓦苏基带着达纳瓦人神的胆汁冲上天空，然后把天空劈成了两半。龙王的身子倒映在海水中，像是一条粗大的银带。龙王的头倒映在海水中，波光粼粼。

这时，加鲁达向着龙王飞去，它张开两只大翅膀，发出怒吼声，仿佛遮住了天空。于是，龙王把胆汁吐到山麓上，山统治着地面，龙王吐出胆汁的地方，就是吐鲁树的液滴散发着香气的地方，也是清香的荷花聚集的地方。胆汁流到地面上，到处都是，有一些流到野蛮人居住地；有一些流到沙漠中；还有一些流到海洋中；这些地方开始生成祖母绿。

不过，加鲁达用嘴把地面上的胆汁吸起来一部分，当它觉得非常疲惫时，就把这些胆汁吐到山里去了。于是，这部分胆汁也变成了祖母绿，颜色深浅不一，有的像鹦鹉的雏鸟；有的像嫩绿的小草；有的像水苔；还有的像孔雀尾巴上的羽毛。

这就是印度神话中描述的祖母绿。下面的神话还描述了祖母绿的五个优点、七个缺点、八种颜色、十二种价钱。神话中描述的那座山很难到达，贪婪的人无法到达，没有福气的人也无法到达，只有幸运的魔术师能够找到。

我的爱人，你要把我送你的祖母绿戒指戴在手上，因为祖母绿是珍贵的宝石，也是以色列的国王所罗门最喜爱的宝石。祖母绿纯净、柔和、赏心悦目，像是春天的小草，看着它你的心情会变得开朗；如果你在早晨的时候看着它，接下来一整天你都会感觉到愉快。到了晚上，你要把它放在床头上，可以帮助你入睡，祛除你的噩梦，使你的心神宁静。只要随身携带着祖母绿，蛇和蝎子就不敢靠近。

这段话是所罗门告诉美丽的苏拉米发的。东方人关于祖母绿的传说，还有哈尔德人、阿拉伯人对于祖母绿能够治病的迷信，就这样交织在一起了。

其次，库普林、王尔德等作家也描述过祖母绿。

著名的罗马科学家老普林尼也描述过祖母绿，俄国科学院院士兼矿物学家谢维尔金翻译了那段内容，我们来看一下老普林尼是如何描述祖母绿的：

祖母绿女戒

祖母绿在宝石中的排名是第三，仅次于金刚石和珍珠。看着其他颜色的宝石，远远不如看着祖母绿觉得舒服。虽然我们也喜欢绿叶和小草，但我们更喜欢祖母绿。跟祖母绿相比，其他翠绿的东西都相形失色，祖母绿的光芒四射，好像周围的空气也变成了绿色。不管是在阳光下，还是昏暗中或者灯光下，祖母绿都不会变色。它总是那么翠绿，那么晶莹剔透，尽管它比较厚，还是非常透明。

老普林尼对祖母绿的描述是真实的，然而在许多叙述里面，还是夹杂了一些想象，带有民间传说和神话色彩。

我看见橱窗里有一个格子，里面放的全是胸针，上面镶嵌着绿色的软玉、鲜蓝色的青金石、苏联产的碧石。

青金石的样式很多，有些是鲜蓝色的，像是蓝色的火焰；有些是淡蓝色的，像是柔软的土耳其玉；有些是蓝色的，像是蔚蓝的天空；还有一些上面布满了灰蓝色或者白色的斑点，形成错综复杂的花纹。

我们知道，阿富汗出产青金石，神奇的帕米尔高原也出产青金石。青金石的样式各异，有的类似于黄铁矿，上面有许多小点，像是天空中的星星；有的上面是一些脉状的花纹。我们还知道，贝加尔湖附近的萨彦岭支脉也出产青金石，那里的青金石颜色不是一种，而是从暗绿色到深红色，各种颜色都有。很早以前阿拉伯人就知道，青金石放在火上烧烤，颜色会发生变化，变成暗蓝色。17 世纪时，亚美尼亚人有这样的记录："把青金石放在火上烧 10 天，只有不变色的青金石，才是最好的青金石。"

橱窗中有一块暗色的软玉，放在镶着金边的盒子里，颜色搭配得很好，这使我想起了东方的神话。

以前，中国新疆的和田镇是全世界盛产软玉的地方，这是一个充满诗情画意的小镇，这里的两大资源是软玉和麝香。

历史学家阿贝尔 · 列缪查曾经说过：

神圣的玉河发源于昆仑山，流过城池，在山麓分成三条河：白玉河，绿玉河，乌玉河。每年阴历的五六月份，河水会溢出河岸，夹杂着许多玉石，等到河水退下去之后，就可以去岸边收集玉石。不过，和田国王下令，在他没有挑拣之前，老百姓不能去河岸捡玉石。

这位历史学家还引用民间传说，把软玉比喻成美丽的少女，每年阴历二月，昆仑山上的植物就会散发出光彩，说明河中已经有玉了。

这也说明为什么古代的中国人把和田称为于阗（玉田），当时，中国的皇帝常常派人来这里强行索取玉石。

中亚的叶尔羌河上游也盛产软玉，每年进贡给皇帝的软玉就有五吨多。但是，后来皇帝下令禁止开采那里的软玉，因为皇帝用那里的软玉做了一个床，皇太子在床上休息时生病了。这样一来，叶尔羌河上游地区遭到严厉处罚，居民不得在那里开采软玉，那一带用链子圈起来，任何人不得进入，运往北京的软玉也全部扔掉了。此后，人们只能在河流中捞取软玉。开始时，人们在叶尔羌河或者和田河中捞取，捞取的方法在古书上有记载：人们站在水里拦截水流中的软玉块，然后把捞取到的软玉块扔到岸边。软玉块的表面非常光滑，人们根据这个特点，在河水中摸索，把水中的软玉块捞起来。

和田产的软玉被运送到北京，一路上有皇帝派的专员护送。每到一个驿站，都会为软玉举行迎送仪式，仿佛这是一件非常重要的事情。运到东方去的软玉大部分都是没有经过雕琢的，但也有一些在和田当地雕琢成的艺术品。

橱窗里的碧石引起我的注意，我的目光无法离开它们。碧石有各种各样的颜色，我觉得无比惊奇。

在所有的矿物中，碧石的颜色是多种多样的。除了纯蓝色，能够在碧石上找到其他的各种色调，这些不同的颜色常常交错在一起形成各式各样的花纹。最常见的碧石是红色和黑色，但还夹杂着黄色、褐色、橙色、灰紫色、淡蓝绿色等各种颜色。人们把不透明的碧石当做装饰品，主要是因为它那多变的颜色；只有少数碧石是半透明的，能够看得深一些，像天鹅绒那样的色彩。不过，有些碧石的颜色是单一的，例如：乌拉尔南部卡尔坎出产的碧石就是钢灰色的。但是，有些碧石的表面上有各种颜色，无数的颜色混杂在一起形成奇异的画面，有些颜色分布得很均匀，像是长长的带子，这就是带状碧石。碧石上面是暗红色的条带和墨绿色的条带交错形成的，或者是暗红色的条带和鲜绿色的条带混合在一起；有些颜色不是很均匀，有波浪状、波纹状、颗粒状、斑点状、角砾状[①]等。不过，一般碧石的颜色复杂多样，有的像五光十色的毛毯，有的像画板上的各种线条。

---

①角砾状的含义是有棱有角。——译者注

乌拉尔南部的奥尔斯克附近是一个出产碧石的地方，在这些碧石上我们可以见到各种各样的花纹。有一种花纹像波浪滔天的大海，海面上有淡绿色的波浪，黑色的乌云挡住了将要落山的太阳，太阳光透过乌云隐隐约约地照射出来，只要再加上一只在空中翱翔的海鸥，就是一幅完整的海上落日图。有一种花纹是无数的色彩杂乱无章地聚集成的，像一片烈火浓烟，一个人在里面艰难地跑着，背后拖着长长的影子，在这个混乱的画面上，影子是最清楚的部分。还有一种花纹像萧瑟的秋景，没有树叶的树干，白茫茫的初雪，地面上是枯萎的草，落叶掉到水面上，在死寂的池水中荡起一圈圈波纹。类似的花纹说也说不完，只要是有经验的雕刻石头的艺术家都会从碧石的花纹上看到精彩的图画，如果在这些碧石上刻上一些线条，用来表示树木或者天空，就能表现出自然界中美丽的景色。

1935 年秋天，我们曾经去考察乌拉尔南部所有出产碧石的地方。我们和博物馆的工作人员一起行动，乘坐两辆车去参观奥尔斯克、库希库尔德、卡尔坎。那一次，我们的考察很有意义，矿物学家克雷热诺夫斯基做了详细的记录：

我们一行人来到奥尔城附近，绕过一个面积很大的养马场，向着波尔科夫尼克山进发。不久后，我们来到生产碧石的地方，看见一些火成岩的露头[①]；接着看见几个碧石开采面，那里堆满了碧石，都是要运出去的。我们继续往前走，周围的景色非常美丽。最后，我们来到一个著名的生产碧石的地方，我们的心情无比激动。我们不明白碧石为什么会有各种各样的颜色，不明白为什么没有人研究碧石，就连碧石的产地都没有人记录过，更没有人分析过碧石的成分，琢磨过碧石的一切。不过，矿物学家一定要研究碧石，因为碧石不仅是一种重要的矿物，还是最上等的细工材料。人们早就知道碧石有这种用途，在苏联开始进行各种建设的今天，它的用途更加广泛了。在莫斯科这座城市，各种宫殿、

①岩石露在地面上的部分，称为露头。——译者注

博物馆、图书馆等建筑物都需要消耗大量的碧石，制成各种艺术品、细工艺品、装饰品。

在这个地方，我们找到一块奇特的碧石。当我们在研究碧石堆时，突然听到呼唤我们的声音。那个人长得不高，穿着工作服，慌慌张张地跑向我们。我向他走去，想抢先知道他怎么了。见到他之后才发现，原来他是我们的朋友谢米宁，他是乌拉尔人，喜欢寻找各种各样的石头，也热衷于研究石头。见到我们之后，他脸上慌张的神色和严肃的表情不见了，满脸笑容，亲切地问候我们。他说他想不到在这里会碰见我们，想不到我们会来到他领导的“俄罗斯宝石公司”这个开采碧石的地方。然后，他带领我们去参观开采出来的碧石，那些碧石已经分门别类地整理好了。那些碧石的确很漂亮；有一块好几百千克重的碧石，上面有奇异的色调和图案，这是用来制造小盒、胸针等细小工艺品的原料，制成的工艺品美轮美奂，输出到世界各地。在谢米尔的诚恳邀请下，我们来到“奥尔斯克碧石”接待室喝茶，谢米尔热情挽留我们，希望我们第二天早晨再回去，但我们要返回奥尔斯克，只好婉谢了他的好意。不过，等到我们回到城里时，已经是半夜了。

……几天后，我们再次踏上旅途。我们的汽车沿着乌拉尔山前进，进入另一个生产碧石的地方。我们仔细观察一处处的露头，只要发现有趣的地方，我们就下车去查看一番。来到纳乌鲁佐瓦村附近，就可以望见碧石矿场了。这一天，我们要去著名的库希库尔德参观一下碧石，那里的碧石是淡红褐色和淡灰绿色相间形成的带状碧石，非常漂亮。在列宁格勒的国立艾尔米塔日博物馆中，珍藏着用碧石制成的花瓶和柱子。我们把汽车停在纳乌鲁佐瓦村，住在这里的居民是巴什基尔人，但他们从来没有听说过“库希库尔德”这个名字——老年人不知道，中年人不知道，小孩子更不知道。附近生产碧石的地方早就被发现了，当地居民却不知道“库希库尔德”，这不是很奇怪吗？有一种说法是，150年前的纳乌鲁佐瓦村叫做库希库尔德村。显然，“库希库尔德”这个名字已经很久不用了，所以人们才不知道。我们还找到开采碧石的地方，发现了一些暴露在外面的带状碧石，条带非常宽，层次是曲折的，费尔斯曼院士还拍了照片。

我们考察过碧石的开采面之后，开车向北走，来到卡尔坎湖边。在距离湖泊很远的地方，我们就看见了岸边白色的风车和矗立着的卡尔坎－塔乌山。以前，人们就在卡尔坎湖附近进行过开采，开采出来的是菱镁矿和铬铁矿。后来，人们放弃这个地方，把采矿地点放在哈里洛沃附近，那里含有丰富的菱镁矿和铬铁矿。显然，老一辈的矿物学家非常了解卡尔坎湖。不过，我们到这里来的目的是，观察一下灰色碧石，以及生产碧石的地方。

100 多年前，这里出产的碧石被运送出去，制成各种各样的工艺品。这里出产的碧石纯净，惹人喜爱，可以雕刻成精美的物品。19 世纪时，雕刻师留给我们的碧石制品，具有极高的观赏价值和经济价值。

最近几年，技术界希望把这种石头用在化学实验室中，制造轧辊等物品。现在，苏联开始采用卡尔坎出产的碧石来制造这些东西，不再依靠从国外进口的玛瑙，因为这些碧石不仅质地均匀，还有很强的韧性，难以磨损，能够承受很大的压力。

在卡尔坎湖附近，我们度过了有意义的一夜。一轮明月照耀着湖面，周围的树木倒映在湖中，这是一幅美妙的湖光月夜图。周围无比安静，我们仿佛和大自然融为一体了。不过，明天就要离开了，要前往米阿斯。我们心里想着矿物的包装问题，想着莫斯科的事情，有许多工作在等着我们去完成，还要和许多人打交道。我们的旅行马上就要结束了，心里觉得特别快慰。周围的景色如此美丽，让我们心情愉快，并产生依恋的感觉。

第二天早晨，我们一起去寻找碧石，花费了很长时间依然没有找到。后来，我们遇到米谢良克族的一名女子，请求她带着我们去寻找碧石，起初她有些犹豫，考虑了一会儿，才决定带着我们去寻找。我们请她上车，终于在一个丛林中发现一个碧石的坑道。这里的碧石是以前开采出来的，碧石块的体积比较大，碧石的表面上长满了地衣，陷在早就形成的凹地中。每一块碧石都有几吨重，当时没有办法把它们带回去，也不知道它们的用途是什么。

就让这些碧石待在原地吧，等到需要它们的时候再来搬运。这些碧石也很不错，色调单一，都是灰色的，质地均匀，隐隐约约能够看见美丽的花纹。这一次的观察告诉我们，碧石是多种多样的，我们的研究还非常有限，还有很多值得研究的地方。

橱窗中的每一块宝石都有自己的生命史，如果要一一描述出来，就是写成一本书也写不完。不过，等到你去矿物博物馆参观时，仔细观察一下橱窗中的宝石，再回想一下这一章的内容，你就会有巨大的收获。在那些小玩意儿或者小东西身上，你可以寻找一下远古的痕迹，找一找我描述的奇特的自然现象。在你思考宝石的过去时，也要想一想它们的未来。宝石在将来的用途不是体现在它的晶莹剔透上，也不仅仅是可以作为奢饰品，更不是因为稀少而显得弥足珍贵，而是由于它质地坚硬、不易破碎、不易磨损、经久耐用。我们把一块名贵的机械手表放在放大镜下，会看见这样的小字：十五钻。宝石用在手表中是非常有价值的，宝石制作的轴承要支撑表中的小轴，宝石轴承能够经得起长时间磨损的考验，能够准确无误地测量时间。

在未来，机器的重要部件都会采用难以破碎的宝石，那时宝石就会发挥出应有的作用。这样一来，宝石过去那些悲苦、辛酸、罪恶的历史就会被掩盖住。

在现代技术中，宝石已经有了重要的作用。第一次世界大战时，交战国家不仅在战场上拼杀，同时也在技术上争奇，拼命寻找各种坚硬的宝石，用在航空、航海、火炮的各种精密仪器中。

1.10 皇村宫

如果要了解矿物学知识，最好去皇村宫参观一番。1752 年到 1756 年间，著名的建筑师拉斯特列设计了这个华美的宫殿。在 1941 年到 1945 年的卫国战争时期，法西斯匪徒侵占了普希金城，他们破坏了这座城市中的历史古迹，里面的东西也被抢劫一空。

因此，我只能尽力为读者讲述这个宫殿中的古迹。

这个博物馆是沙皇为了满足自己的虚荣心建立的，但它是世界上最著名的博物馆之一。

这个博物馆中有石头、树木、青铜、丝绸等物品，它们在一起相互映衬，有着很好的效果，关于这一点历史学家雅科夫金有过详细的描述（1829 年）。雅科夫金记录了皇村宫的变化，下面这段内容就是他对这个博物馆内部装饰的描述：

……博物馆中有各种各样的宝物，宇宙中难以描述的宝物都可以在这里找到。意大利的艺术家用大理石雕刻成精美的艺术品、写生画、镶嵌画来装饰博物馆；地板上铺设的是珍贵的有色木料，还有闪闪发光的珍珠质；墙壁、墙檐、墙柱上的装饰品是用来自普鲁士的琥珀做成的；富丽堂皇的大厅中，摆满了各种名贵的瓷器。这里也有来自中国西藏的东西，罕见的金属偶像，祈祷穿的和平时穿的不同样式的古装，容器等其他用品。西伯利亚疆域辽阔，有各种各样的资源，这里的花园中就栽满了从西伯利亚运送过来的各种树木，大厅里陈列着来自西伯利亚的贵重物品：金银、青金石、斑石，各种颜色的玛瑙，色彩鲜艳的碧石，洁白的大理石，以及其他种类既珍贵又漂亮的矿物。在这个大厅中，还有来自北冰洋和里海的东西。皇村宫的地下有着丰富的建筑用材，现在已经开采出来很多并用在建筑上，用来修建、加固、装饰皇村宫的花园、林荫路、大小道路及建筑物本身。后来，从国库村、伯爵村、普多斯契村运来许多石板、石头、石灰，用来修建这个建筑物……

我不打算一一介绍博物馆中的处所，只是挑选几间重要的讲述一下。首先，我要讲述的是琥珀室。

琥珀室建于18世纪初期，是世界上第一间用琥珀装饰成的屋子。

琥珀室在世界上是独一无二的，也是一个奇迹。琥珀室令人惊讶的原因不是采用的材料贵重、雕刻精美、形状各异，而是琥珀的色调美丽动人，虽然颜色有深有浅，但处处都有温情，把整间屋子装饰得美轮美奂。屋子四周的墙壁上镶嵌着琥珀，虽然琥珀的形状和大小不同，但都打磨得非常光滑，颜色都是淡黄褐色的。墙壁被分成无数格，格子的边框是琥珀浮雕，格子中间是罗马式的风景镶嵌画，每幅画的寓意不同，代表着人们内心的四种心情。这些镶嵌画是用有色石头雕刻成的，是在伊丽莎白女皇时代镶嵌在格子中的。这些精美的艺术品，里面包含着多少劳动人民的心血啊！想要把这间屋子装饰得美轮美奂，更增加了创作上的难度。琥珀的质地不坚硬，非常脆弱，用它来装饰屋子要克服技术上的重重困难，尽管如此，这间屋子还是用琥珀装饰成了复杂的样式。

而且，这间屋子的窗框、护墙板、浮雕、半身像、全身像、印章、纪念品等全是用琥珀做成的。

接下来，我要讲述一下皇村宫的里昂厅。

里昂厅绝不逊色于琥珀室和玛瑙室，也是绝妙的艺术室。这里有些物品是近代的，这些是精美的新的青铜器制品，代替了旧时代的青铜器。它们是在近代制成的色彩鲜艳的蓝色细工艺品，把里昂厅装饰得非常漂亮。

里昂厅类似于琥珀室，也是用单一的石头装饰的，这种石头是娇蓝色的青金石，一种惹人喜爱的有色石头。

在里昂厅中，青金石用来装饰墙壁的低处，制作壁炉，装饰窗框、壁炉上的镜子、门框上的板条等。门上有一些青铜器做成的装饰物，线条清晰，轮廓柔和，和门上各种木料的颜色非常匹配，让人一看就喜欢。娇蓝色的青金石，有的带有白点和黑点，有的某些地方是淡紫色的，有的边上点缀着云母、方解石或者黄铁矿，黄铁矿的周围有一些红褐色的小点，这些搭配非常巧妙，使人

普希金（皇村）凯瑟琳宫内部琥珀屋

感觉色调在慢慢发生变化。这些装饰衬托了青金石的美丽。不过，正是因为青金石的边缘有着各种各样的点缀，虽然色调柔和，但颜色不同，所以人们认为这样的青金石有缺陷，这种缺陷导致青金石的价值下降。只要看一下门框上装饰的镶板和板条，就可以判断出当时装饰工人手上的青金石有限，所以他们在使用青金石时非常小心慎重。其实，这根本不值得惊奇。1786 年，在贝加尔湖附近的斯柳江卡河岸发现了青金石，而这座大厅正在建造之中。当时，女皇叶卡捷琳娜二世非常喜欢青金石，曾经下令派人去外国购买，所以在本国发现青金石后，索伊莫诺夫将军立刻上奏女皇。1787 年到 1788 年，皇村宫正在修建浴室，第一车青金石就是在这个时候运送到圣彼得堡的。石头被运送到后，马上进行打磨，然后用来装饰浴室。同时，女皇下令拨款 3000 卢布，继续开采青金石。1787 年，300 多千克的青金石被运出伊尔库茨克。这就是俄国发现青金石的过程。现在，我们离开里昂室，去参观玛瑙室。

玛瑙室由许多个厅室连接起来，构成了一个陈列馆。我们的目光被一间圆柱大厅和两间用碧石、玛瑙装饰的屋子吸引住。在两间屋子中，一间是长方形建筑，拱门是圆形的，上面装饰着碧石；另一间是椭圆形建筑，是前厅，里面的装饰全是用玛瑙做成的。大厅采用的是希腊式装饰，圆柱是用来自比利时的大理石制成的。柱脚上有凹陷的地方，那里雕刻着人物或者花瓶，这是意大利式或者俄罗斯式的雕刻；有些柱脚下是斑石，这些斑石是从绍克申运来的，还有一些柱脚下是产自蒂甫吉亚的粉红色的大理石。壁炉和门窗上面的板条是用白色大理石制成的，这些大理石来自意大利，看起来漂亮极了。

有两间屋子的装饰品用的是俄国产的石头，我们要去参观一下。这两间屋子的样式相同，是用不同的材料装饰的。一间屋子用的是暗色的带状碧石，这些碧石的上面有色调不一的花纹，有的花纹是绿色的，有的花纹是淡绿褐色的，还有一些花纹是红褐色的；另一间屋子的采用的是乌拉尔人所说的“肉状玛瑙”。这两间屋子的门非常好看，都是用三种碧石装饰的，这三种碧石上都带有淡绿色和红褐色，这些色调搭配在一起很奇妙，让人看着很舒服，不会产生颜色杂乱的感觉。在大门上方的墙檐上，摆着许多用石头雕刻成的精致花瓶，这些花瓶是叶卡捷琳堡（斯维尔德洛夫斯克）和科雷万两个工厂琢磨的艺术品，增加了美感，给人们留下很好的印象。

叶卡捷琳娜宫每一间屋子中的装饰品都采用了多种矿石，任何一个斑石雕刻的花瓶、石板桌子、大理石门窗都值得矿物学家研究。如果我带着你们去参观叶卡捷琳娜宫，就能把见到的每一种矿石的生命史、开采方法、琢磨方法告诉你们，这样一来，即使好几个钟头也说不完。

1.11 在大城市中

我一直有一个习惯，当人们提起地名时，我就会联想到当地的矿物。例如：有人提起鲍罗维奇，我就会想到这个城市中的方铅矿；有人提到米兰，我就会想起米兰市中用大理石建造的教堂；有人说到巴黎，我就会想到巴黎著名的石膏开采地。在十月铁路这条铁路线上，有一个站点叫做贝列查卡，提到这个站点，我就想起这里出产的石灰石，是用来烧制生石灰的矿石。

但是，穿梭在各个城市之间，更能增长我们的见识，因为每一个城市都是一所完整的“大学”，等着矿物学家去研究各种矿物问题。

现在，我们就去列宁格勒和莫斯科逛一逛，看看那里都有什么石头。

苏联北部有一条美丽的涅瓦河，河岸两边是宽阔的街道，河水发出蓝色的光芒，这是非常珍贵的液体矿物。我们的脚下是来自普基洛夫的板石，这些板石是志留纪时代生成的石灰岩制成的，在海中经过各种变化，变成碳酸钙沉淀。马路上铺的碎块是辉绿岩，辉绿岩是火山爆发时的熔岩，这种熔岩是远古时期从地壳下流出来的，流到奥涅加湖①里，后来形成了辉绿岩。这里建筑物的基础采用的是花岗岩，花岗岩也是地下深处的熔融物形成的。建筑物上的窗台是粉红色的大理石，它们是火山喷发物在古代雅图尔海沉积成的物质。不过，在所有石头中，我最惊奇的是更长环斑花岗岩，这种花岗岩中好像有长石的大眼睛，嘉桑市大教堂的柱子是用这种花岗岩制成的，圣以撒大教堂博物馆的圆柱廊是用这种花岗岩制成的，涅瓦河的石岸也是用这种花岗岩砌成的。我看着眼前用花岗岩制成的各种物品，想到花岗岩的历史，经过的各种变化，虽然我们无法看见这些变化，但它们在我们脚下深处正缓慢进行。

很久以前，我们的地球是一个巨大的火球，表面是一层熔化物，慢慢地，

---

①奥涅加湖位于圣彼得堡东北部。——译者注

熔化物冷却成坚硬的外壳，苏联北部是15亿年前最先凝固的其中一小部分。那时，苏联北部常常出现大风沙。初期的热带暴雨不停地降落到地面上，使地下的熔化物爬到地面上来，把地面上的石块和沙子熔化掉，形成了地球上第一批沉积岩。

这个时期，地下深处也生成了红色的更长环斑花岗岩。熔化物逐渐冷却成岩石，最先凝固的是漂亮的长石晶体，一条条的晶体连接在一起，不断融合，不断结晶，后来其他的熔化物也凝固了。这些熔化物中还会冒出炙热的蒸气，跑到更远的地方，跑到地盾中，逐渐凝固成固体，成为各种矿石资源。

在白海沿岸或者波罗的海沿岸，到处可以见到岩石矿脉，这就是从更长环斑花岗岩中冒出的气体形成的。

瑞典和挪威有许多非常大的采石场，那里有粉红色的长石、晶莹剔透的石英、闪闪发光的粉红色云母，这三种矿石中夹杂着一些黑色的石头，比重很大，完全不透明，看起来没有什么稀奇的。不过，这些黑色的石头中有着多种罕见的矿物，珍贵的铀矿，可以提炼放射性元素镭，黑色的电气石晶体，这些晶体中含有暗绿色的磷灰石……

我在美丽的涅瓦河河岸行走，看见长石的眼睛显示出白色。在海上冷风的

磷灰石

作用下，黑色的云母呈现出金黄色，由“黑云母”变成了“金云母”。灰色的石英正在被侵蚀，海水冲洗着石英表面上的黄褐色斑点，这些斑点中含有铁元素。这些说明，花岗岩这一段十几亿年的生命史要结束了，在我们眼中这是很长的时间，但它只是花岗岩生命史中的一小部分。

接下来，我们去莫斯科市里面参观一下。

这个城市中的许多老房子都是用莫斯科出产的白色石灰石砌成的，这种石头的历史有 3.5 亿年，是在石炭纪大海的底部沉积成的。

我们要花费一些时间来研究莫斯科脚下的花岗岩的成因：很久以前，地下是到处流动的熔化物，它们穿过先前凝固的花岗岩，逐渐形成了伟晶花岗岩矿脉。

在捷尔任斯基大街上，某些房子是用暗色的拉长石装饰的，拉长石上面有一些蓝色的小斑点。我们去红场上看一下具有历史价值的陵墓吧。这里有各种各样的矿石：无比奇特的辉长石，有深有浅的拉长石，绍克申出产的斑石，洁白的大理石，它们巧妙地结合在一起，这些矿石有着重要的意义，代表着苏联人民对他们敬爱的领袖的怀念之情。

沿着莫斯科的街道往下走，去探索一下地下铁道中使用的各种岩石吧。

在这里，我们没有见到沙子、黏土这些物质，只有工人打造成的地下隧道，也没有石炭纪形成的那种莫斯科人用来修建房屋的石灰石。这里有各种大理石、花岗岩，明亮的灯光照耀着这些矿石，让我们看得清清楚楚。从卡列里北部到克里木沿岸不管是建筑用的石头，还是装饰用的石头，在这里都能够找到。

莫斯科的地下铁道在世界上享有盛名，每个车站的砌面材料都是采用大理石等各种石头，还有玻璃、矿渣、釉面磁砖等物品，用这些材料装饰的面积很大，大约是 6.5 万平方米。不过，这只是开始，以后还会有更大的发展。

我们沿着列宁格勒图书馆往地下走去。在地铁的入口处，我们发现了产自克里木的大理石，这些大理石上面带有黄色的斑点。接着看见了八面形的石柱，这些石柱是用莫斯科的灰色大理石制成的，大理石里面掺杂着少量的方解石。墙檐下面的边缘镶嵌着黑色的玻璃，站台的台阶是用产自克里木的淡红色大理石制成的，隐约可以看见大理石里面变成石头的蜗牛和贝壳。这是南方海洋中死去的生物的尸体，在几千万年前，海洋淹没了克里木和高加索，所以克里木的大理石中有海洋生物残骸。

在地下行驶的火车速度非常快，每一站停留的时间特别短，所以我们来不及把每一站的装饰看清楚。在奥霍特内线的捷尔任斯基站和基洛夫站，我们见到了灰色带状的大理石石板，这些大理石来自乌拉尔的乌法列伊。我们还看见车站上用红色大理石装饰成的大门，这些大理石是从乌拉尔中部的塔吉尔运来的；车站的护墙板的边缘镶嵌着拉长石，这些拉长石来自沃累尼，上面有闪着亮光的蓝色小斑点。再继续走，都是已经见过的石头。来自克里木和高加索的大理石，上面带有类似于石灰岩的柔和色彩；寒冷的乌拉尔产的灰色和白色的大理石；从莫斯科附近开采的灰黄色的石灰石。

在广阔无垠的宇宙中，有着数不尽的星星和无数的星云，我们的地球是非

莫斯科地铁的共青团站，柱子是用杂色大理石制成的

莫斯科地铁的新库兹涅茨站，是用白色大理石装饰成的

常渺小的，更是微不足道的，它从一颗火球慢慢变成现在的地球，经历了漫长的时间，但我们总是把地球的这段历史遗忘，很少有人记得去探索地球的生命史。

1.12 在矿物保护区

对于保护区这个名词，许多人并不陌生，保护区是为了保护某些濒临灭绝的动物和植物建立的。例如，在高加索有一个保护区，为的是保护数量有限的野牛。新阿斯加尼亚的保护区是为了保护羽茅草草原生荒地的遗迹。沃罗涅日的保护区是为了保护橡树林的遗迹，等等。不过，石头也需要建立保护区吗？它也有灭绝的危险吗？其实，石头也需要受到保护。遗憾的是，为石头建立保护区的行动有些晚。

在克里木旅行时，我见过几个奇妙的钟乳石山洞，里面有许多下垂的粗细不同的柱子，还有石头组成的美丽瀑布。不过，不久后这些美景就消失了。原来，人们来这里游玩时，都会带走几块石头当做纪念品，使钟乳石和石笋遭到严重的破坏。对于其他的矿产，他们的行为也是非常粗暴的。

费尔干纳①有一个著名的大重晶石山洞，里面有许多重晶石的泉华和晶体，是独一无二的矿石，当游人到这里游玩时，私自带回家很多，每次想到这件事情，我就无比心痛。

所以，我觉得应该为石头建立保护区，阻止盗取矿石的行为。矿石是重要的宝藏，增长的速度也非常慢，等到破坏后想再恢复原状，比培育野牛和羽茅草困难得多。因此，我们要好好保护矿石，保护这种难以再生的资源，然后把这种观念教给子孙后代。

在苏联乌拉尔的南部有一个矿石保护区，距离著名的伊尔门山的米阿斯很近。

只要是喜欢研究矿石的人，一定听说过伊尔门山。关于伊尔门山这个地方，每一个学习矿物的人对它都有一定的了解，都能说出那里产的珍贵的矿石，都知道那里产的蓝色的天河石多么漂亮。伊尔门山的地下有着丰富的矿石，种类繁多，非常珍贵，是全世界出产矿物的“天府之国”，是矿物学家心中最理想的参观之处。

18 世纪末期，哥萨克人不顾巴什基尔人和卡查赫人对他们设下的埋伏和袭击，冒着生命危险潜入伊尔门山，来到这里探险。在这些哥萨克人中，有一个叫做普鲁托夫，当他保卫契贝尔库尔斯克时，在这里发现了一些漂亮的宝石和云母。不过，当时这个地方很混乱，很少有人到这里来开采矿石，并加工这些矿石。只有极少数的大胆的冒险家，才敢来这里探险。

后来，西伯利亚大铁路连通了伊尔门山，代替了原来难走的山路和小路。

①费尔干纳是中亚的一个地方。——译者注

米阿斯车站

在伊尔门山的脚下，有一个小小的车站米阿斯站，这个车站就设立在伊尔门湖的岸边。这个车站是用淡灰色的石头修建成的，这种石头看起来有点像花岗岩，实际上是一种非常稀有的矿石，它的名字是米阿斯石①，这个名字是为了纪念米阿斯。在车站附近的小镇后面，有一个陡峭的山坡，山坡上种满了树木。站在山坡上往北方望去，伊尔门山就像是一座山峰。然而，我们得到的印象是错误的，它仅仅是一条很长的山脉的南端而已。这条山脉绵延起伏，中间没有断裂的地方，它往北延伸，长度大约是100千米，形状独特，化学成分也是独一无二的。山脉的西面是广阔的米阿斯河谷，河谷中不但有巨大的农庄，还有稀疏的树林和耕地。山脉的东面是零零落落的小山丘，山丘上生长了树木，中间是几个形状不规则的湖泊，湖水闪着亮光，远处是一望无际的西伯利亚草原。

从陡峭的伊尔门山坡爬到山顶只需要半个多小时，站在山顶上眺望一座座由石头组成的小山峰，四面八方的景色非常幽美……

不过，对于研究矿物的人而言，最吸引人的是山顶东面的景色。西比利亚平原向东无限延伸，但我们关注的不是烟雾缭绕的平原，而是脚下的伊尔门山东麓。这里山的坡度比较小，有一些小山丘，有一些小树林，还有几个湖泊。在这些树林和伊尔门山之间，有一片看起来似乎空旷的地方，但这里不

①米阿斯石的学名是云霞正长石。——译者注

是空地，而是一个沼泽，里面布满了泥潭，现在正忙着开采。树林中有伐木区，还有稀疏的树木形成的带形地，在这些空旷的地方，有着储量丰富的黄玉和海蓝宝石矿产。

在距离阿米斯车站2000多米的地方，有几栋华丽的房子，这是保护区的管理部门、博物馆和图书馆，只要是来研究矿物的人，都会先来到这里，在这里可以科学地研究保护区的资源。

几年后，各个保护区附近都出现这种房子，来保护区研究的人员可以住在里面，长时间地研究一些困扰着人们、至今没有解开的关于各种矿物的生成规律。

现在，人们整理了200多个矿坑，清除掉炸药产生的岩屑，除去围绕着矿脉的围岩。仔细研究了矿坑中的每一条细小矿脉，其中漂亮的海蓝宝石晶体和黄玉晶体，从来没有人用手碰过。在每一个矿坑中，都有难以预料的矿石。伊尔门山的矿物有100多种，这里是各种矿物的聚集地，有着数不尽的资源。

这些矿坑是非常有价值的，我来考察过好几次。每一次来到这里，我总是先观察一下斯特利日夫矿坑，这里有黄玉、冰晶石及其他多种矿物。以前，我去过其他的地方研究矿脉，例如，南方炎热的厄尔巴岛，瑞典的矿脉，还有阿尔泰、外贝加尔、蒙古、萨彦岭等地，但这些地方出产的有色石头远远比不上斯特利日夫矿坑中的矿石。当我见到伊尔门山的天河石矿坑时，面对着大自然的鬼斧神工造就的美丽景色，心中的喜悦无以言表，是我在其他的地方没有过的感觉。我的眼睛紧紧盯着淡蓝绿色的天河石，感受着它的美丽。在我的附近，到处是带着尖角的天河石片，在阳光下闪闪发光，这些细小晶体散发出来的绿色，跟树叶和青草的绿色完全不一样。站在这些宝藏面前，我的心中充满了喜悦，不禁想到了一位矿物学老前辈说过的话，他说："伊尔门山就是由天河石晶体组成的。"

这些矿坑之所以非常漂亮，不仅是因为蓝绿色的天河石，还因为淡灰色的烟晶，天河石和烟晶结合在一起，构成一幅美丽的图画。烟晶在矿坑中沿着某一个方向生长，既整齐又美丽，像是一幅幅完美的图画。在这些图画中，有的线条细密，像是在淡蓝色的纸上写出来的欧洲古文；有的线条粗壮，类似于灰色的象形文字。这样的花岗岩被称为文象花岗岩，它上面有各种各样的文字图案，每种图案都有自己的独特之处。看到这些花岗岩，每个人都会不由自主地想辨认一下上面的文字。18 世纪末期，来到这里的旅行家和研究者见到这些文字样的花纹，感到无比兴奋。那时，人们使用这种石头来制作桌子的面。现在，这样的桌面成为列宁格勒矿物博物馆中的收藏品。现代的矿物学家为了探索矿物的有关知识，对这些带有文字样的花纹的石头很有兴趣。

望着矿坑中的石头，我也有了解开这个谜团的念头。首先，我发现在蓝色的天河石中间，有着像小鱼一样的灰色石英，我想找到天河石和石英的生长规律，以及它们在一起生长的规律。现在，这个规律已经找到了，大自然中的秘密正在一个个被破解。这些小鱼，也就是神秘莫测的“象形文字”，里面隐藏着无数的规律。这些小鱼把远古时期发生的事情告诉我们，当时巨大的伟晶花岗岩从科萨山的花岗片麻岩中生长出来，然后半熔化的伟晶花岗岩中生长出大量的天河石。这个过程的温度大约是800℃，等到温度降低之后，就开始生成长石晶体。温度降到 575℃时，花岗岩中开始生成烟晶，同时在花岗岩的表面上出现文字样的图案，出现的图案很有规则。不过，温度继续降低，小鱼开始往各个方向延伸，伸展范围越来越广，使本来规则的图案变得不规则起来。最后，小鱼就镶嵌在花岗岩中，变成不规则的脉状。

烟晶矿脉就是这样形成的，里面含有黄玉等各种矿物；只要找到天河石，就可以在天河石的矿脉中找到多种其他的宝石，天河石是一个很可靠的标志。这里的居民有着丰富的经验，他们明白，没有天河石就找不到宝石，所以他们非常看重天河石。他们还知道，天河石的颜色越深，就表示这个矿脉中的宝石越多，能够带给人们的收获也就越大。

以前，我去伊尔门山考察时，曾经在日记中写过这样的内容：

我在脑海中想象着伊尔门山未来的样子：山上有一所风景优美的疗养院，

疗养院的周围是四季常青的松林，不仅绿化了周围的环境，还隔绝了河水流动产生的声音。人们下了火车之后，就可以乘坐缆车来到山顶上。伟晶的长石矿脉和脂光石脉正在大规模开采，在切巴尔库利和米阿斯建立了一些大规模的陶瓷工厂，所需要的原料就是长石和脂光石。在山下的湖岸边上，有一个历史博物站，这里有管理伊尔门山各矿坑的机构，有远征勘察队的中心，有实习勘察和科学勘察的研究所，还有博物馆和实验室。许多矿坑都要进行勘察，有计划地进行开采；许多探井深入到地下深处，想要弄清楚天河石矿脉的内部结构，以及是怎样分布的。

这就是伊尔门山未来的命运。为了科学的进步，为了工业的发展，为了祖国人民的幸福，必须这样做。不过，如果伊尔门山真的变成上面的样子，可能会失去原来拥有的美景。要知道，伊尔门山之所以美丽，之所以吸引人，就是因为它保有荒凉的自然景观，但它的美丽也是一个整体，这个整体中包括荒废的矿坑和无数的废石堆，还有难以行走的山路，在这些蓝色的天河石堆中，我们提着篮子行走，在营火旁边休息、喝茶，这一切组成了伊尔门山现在的样貌。要和这种样貌告别，我的心中也非常不舍，因为这个样貌不仅充满了诗情画意，不仅代表着没有被破坏的自然景色，而且也鼓励着人们去探索自然，发掘自然的秘密。

现在，许多事情发生了改变，我脑海中的想象也变成了事实。

世界上出现了第一个石头的保护区，其名字是依里奇伊尔门保护区。

1934 年的春天，我们坐着高尔基工厂生产的动力强大的汽车（米阿斯的孩子把这种汽车称为“小开路车”）前往乌拉尔南部，想去看一看那里的工业中心。几个小时之后，我们从依里奇伊尔门保护区来到凯施顿，这里有着丰富的铜矿，铜矿的产量占据了苏联全国产量的四分之一。又过了两三个小时，我们来到兹拉托乌斯特，看见了苏联刚刚生产出来的初轧机。七个小时后，我们在乌法列依炼镍厂门口，镍是一种非常重要的金属，这个工厂为苏联的建设提供了大量

乌拉尔南部的伊尔门保护区中

的镍。又经过了七八个小时，汽车带着我们来到马格尼特卡，这里每年会产 300 多万吨的铸铁，大约等于沙皇时期全部黑色金属的总产量。

我们离开保护区，见到几处农庄，庄稼生长得很好，还有一个新开辟出来的国营农场，三个小时后，我们到达了车里雅宾斯克。这是一个正在发展的城市，将来会变得更加繁荣。在这个城市中，随处可见生产拖拉机的厂房，虽然这个令人震惊的巨大工厂建立在无数的花丛中和绿色的草地上，但机床、器械、传送带、炉子等设备连接成一套复杂的装置，每年生产的巨大的“斯大林型拖拉机”产量高达好几万台，简直让人难以相信。

然后，我们见到一些新奇的工厂，其中一个是铁合金工厂，它利用相当于火山口或者太阳表面的高温（大约是 3000℃ ~4000℃），来冶炼一些复杂的化合物，这些化合物是制造优质钢的重要原料。另一个是人造红宝石工厂，这里生产的每一块红宝石的重量都高达好几吨。用巨大的钳子把炉子中的红宝石取出来，然后研磨成金刚砂粉，这就是砂工厂中使用的研磨材料，苏联全国使用的金刚砂粉有三分之一是从这里运出去的。

接下来，我们去参观了齐略宾斯克的国营发电厂、炼锌厂、巴卡工厂等建筑物，还见到一个染料工厂，利用库辛斯克出产的黑色钛矿石来制造白色的染料。以前，苏联国内所需要的各种金属、合金、拖拉机、机器，都要从国外购买，现在，车里雅宾斯克市和车里雅宾斯克省的重工业已经发展起来了，它们可以给苏联提供这些东西……

1934 年秋天，我们再次前往依里奇伊尔门保护区。在一座老式的木头房子中，我们召开了关于车里雅宾斯克地区的科学会议，许多著名的矿物学家、熟悉乌拉尔南部的行家都参加了这次会议，共同讨论了以前的成就，以及今后的发展问题。房间里，主席手里拿着牛马的脖子上挂着的小铃铛（不是手铃），慎重地主持这次重要的会议，会议厅的周围是一大片松林，远处是乌拉尔南部的美丽风光。

地质学家说：“虽然我们在乌拉尔地区找到了一些矿藏，掌握了这个地区的一大部分铁矿，但这些远远不够。尽管我们在乌拉尔找到了铜矿、锌矿、铝矿，知道这里铜的产量是苏联全国总产量的四分之一，铝的产量更是苏联全国总产量的一半，这些矿产已经在大量开采，用在苏联的工业生产上。我们还知道乌拉尔南部有菱镁矿、滑石、铬铁矿，而苏联国内的其他地方没有这些矿石。不过，这一切还远远不够，因为乌拉尔南部还有大量的矿藏，几万千米的山脉从来没有人研究过，谁也不知道这里面隐藏着多少资源。而且，田野和草原的地下也埋藏着各种资源，正在等着人们去发现。”

于是，地质学家和地球化学家一起画了一幅图画，用来描述乌拉尔南部30多万平方千米的区域，寻找金属、矿石及其他矿物的分布规律，并且讨论了勘探、挖掘这些矿产的方法。

我心里想着，苏联马上就要在东方建立第二个煤铁工业基地了。乌拉尔的库兹涅茨的工业马上就会以飞快的速度发展起来。巴卡尔工厂中会安装最新型的鼓风炉，这个工厂生产出来的铁的质量，可以和马格尼托哥尔斯克生产的铁相提并论。车里雅宾斯克的煤田会为乌拉尔提供源源不断的动力，这个煤田生产褐煤，可以从煤里面提炼出大量的液体燃料，如果把褐煤液化，还可以为工厂中的机器提供动力。那时候，车里雅宾斯克这个地区将会实现农业集体化运动，交通业也会非常发达，虽然这个地区的面积有25万平方千米，但汽车用不了多长时间就能达到任意一个地点。当地居民的重要活动就是植树造林、修建水池、挖掘沟渠。将来，当地的工业会飞速发展，还实现了原料的综合利用，将工厂中的大量废料变废为宝，一点也不浪费。

这样一来，乌拉尔的矿产将会和农作物结合在一起，极大地促进苏联工农业的发展。

那时，我们将会再次前往依里奇伊尔门保护区，从车里雅宾斯克乘坐汽车到这里仅仅需要两个小时。我们将再次举行科学会议，会议的地点不是设在老式房子中，而是用石头新建造的矿物研究所里，因为矿物研究所已经成为指导这里雅宾斯克工业发展的重要基地。在森林中，在伊尔门湖附近的陡峭山坡上，在这个工业中心地带，一定要建立新的科研机构，这个机构是根据乌拉尔的需要建立的，和乌拉尔当地生产力的发展、当地工业的生产目标有着紧密的联系。这个科研机构一定会促进乌拉尔地区各个方面的发展，为人民谋福利。

到那时，乌拉尔不仅贯通南北，还把东西连接起来，把欧洲和亚洲连接在一起。

第二章

没有生命的自然界的组成

2.1 矿物的概念

通过第一章的讲述，我们已经知道了各种各样的石头和矿物。不过，我们还有一个疑问：在这个复杂多样的自然界中，哪些东西才是矿物呢？也就是说，矿物的概念是怎样的呢？原来，矿物学中所涉及的矿物有3000多种，其中有1500多种石头是极其罕见的，我们常常见到的石头只有二三百种。仅仅从这一点来说，矿物的世界好像没有动植物的世界那么复杂，因为动植物的种类有百十万种，而且这个数字还在不断上升。

前面我们已经说过，研究矿物会遇到许多困难，同一种石头可能会有多种不同的外貌。这是为什么呢？原来，所有的矿物都是由非常小的单位组成的，这些单位就像是不同种类的砖块。经过研究得知，这些砖块有100多种，它们构成了我们周围的自然界。这些砖块就是各种化学元素，俄国著名的化学家门捷列夫第一个把这些元素排列成一张表，这张表的名称是门捷列夫元素周期表[①]。在这100多种化学元素中，不仅有氧、氮、氢等气体元素，还有纳、镁、铁、汞等金属元素，以及硅、氯、溴等其他元素。不同的元素以不同的数量和不同的方式组合在一起，就生成了各种矿物，例如：氯和纳结合在一起生成食盐，硅和两份的氧结合在一起生成硅石或者石英等物质。

矿物是各种化学元素结合在一起形成的天然化合物，是自然形成的，没有人的作用在里面。矿物是一种特殊的建筑物，由几种小砖按照一定的比例建造起来的，但这些小砖不是胡乱堆砌起来，而是按照一定的规律堆砌的。显而易见，用几种相同的小砖，甚至小砖的数量也一样，还是可以建造出样式各异的房子。所以，同一种矿物在自然界中会有多种样貌，尽管它们是由同一种化合物组成的。

这样，化学元素以不同的方式搭配，构成了自然界中的3000多种矿物，例如，石英、盐、长石等。这些矿物聚集在一起，逐渐形成了各种岩石，例如，花岗岩、石灰岩、玄武岩、砂岩等。

矿物学研究的是自然界中的各种矿物，岩石学研究的是不同种类的岩石，地球化学研究的是各种化学元素及它们在自然界中的发展变化……

读者阅读完上面的内容，可能觉得枯燥无味，认为我讲述得一点也没有趣。不过，我还是希望读者能够认真地把这本书阅读完，你们要明白：你们对自然界的了解越多，认识越深刻，就会觉得周围的一切越有趣，就会把自己的精力投入到改造大自然的行动中去。

在我们的自然界中，还隐藏着许多没有被发现的“秘密”，科学的内容越是渊博，越是深刻，能够取得的成就也越大，越容易解开我们周围的秘密。不过，每当我们解开自然界中的一个“秘密”，又会引出一个更复杂、更难解的“秘密”。

---

①在费尔斯曼的另一部著作《趣味地球化学》中，详细地介绍了门捷列夫元素周期表。——编者注

2.2 地球和天体的矿物成分

哪些矿物组成了我们的地球呢？

对于这个问题，大多数人会这样想：矿物和岩石组成了我们的地球，也就是我们周围常常见到的矿物和岩石。不过，事实绝非如此，地球的深处和我们常常见到的周围环境截然不同。阅读完这一节的内容大家就会明白，在组成成分上，地球类似于太阳，而不是由我们所熟悉的石灰岩、砂岩、黏土、花岗岩等物质组成的。

我们知道，构成地球表面的物质不是平均分配的，有的物质多一些，有的物质少一些。在所有的物质中，有一部分是稀有物质，我们要花费很大的力气才能把它们挖掘出来；另一部分的物质却非常多，我们需要多少就能挖掘多少。这两部分物质的分布之所以有这么大的差异，因为前一部分物质的分布非常分散，它们不会在某一个地方聚集，而后一部分物质的分布比较集中，常常在某一个地方聚集形成矿床。

而且，不同物质在地壳中的含量有着巨大的差异。有些物质是地壳重量的百分之五十，而另一些物质仅仅是地壳重量的十亿分之几。1889 年，美国化学家克拉克开始计算地壳的平均组成成分，计算的结果是：在 92 种化学元素中，只有几种化学元素在我们周围是大量分布的，其他元素的含量非常有限。大家需要注意的是，从体积方面来说，氧和氢这两种气体占据了自然界中的一半以上；硅在组成自然界的各种元素中，占据第三位，硅和氧结合在一起形成了矿物石英。不过，硅在地壳中的含量仅仅是 15%，而我们所熟悉的钙（含在石灰岩中）、钠（含在海水中和食盐中）、铁这三种重要金属，加在一起的含量也只有 1% ~ 2%。

我们的周围是一幅美丽的自然景观图，自然界的 99% 是由 12 种元素组成的，这些元素按照不同的方式结合在一起，构成了各种各样的矿物，包括我们生活中的各种物品。

不过，地下深处的情况也是这样吗？想要知道这个问题的答案，我们就要做一次旅行，从地球表面到地球中心的幻想之旅，旅行的路程大约是 6400 千米，这样的旅行是非常有意义的。

1936 年，我在捷克的时候，曾经沿着一口很深的矿井来到地下深处。我们乘坐着无顶电梯以每秒将近 10 米的速度下降，风在我们耳边呼呼地吹着，电梯的轨道发出嘎嘎的响声，越往下空气越潮湿，温度也越高。几分钟后，我们来到矿井的底部，我的耳朵嗡嗡地响，心跳比平时快很多，这里的温度大约是 38℃，类似于热带潮湿地区的温度。要知道，我们到达的深度只有 1300 米，跟地球中心的幻想之旅相比较，仅仅走了全部路程的五千分之一。即使是世界上最深的矿井，深度也仅仅是 2500 千米（非洲的金矿）。一层薄薄的地壳，限制了人们的各种活动，使人们深入地下的愿望成为泡影。

不过，人们不想被地壳所限制，想要到更深的地下去。人们想尽办法来武装自己的眼睛，想要看见地下深处的样子，想要知道被我们踩在脚下的地壳的下面究竟是什么东西。不过，到目前为止，人们所能到达的深度仅仅一二千米，跟幻想之旅的 6400 千米有着极大的差距。

虽然人们的眼睛能够看见的深度很有限，但人们可以利用最新型的工具深入到地下去，能够到达的深度比人们的眼睛看见的深度深得多。近几年，人们利用金刚石钻机，钻机的钻头上镶嵌着坚硬的金刚石晶体，能够钻到地下 4500 千米的地方，把那里的岩石和矿物钻成圆柱形的岩心，带到地面上来。不过，即使是 4500 千米的深度，和地球的半径相比，还是非常小的数值[①]。

金刚石钻头

① 1951 年，苏联所钻的油井，达到了 5000 米的深度。——编者注

大自然有时候也会帮忙。在地质作用力的影响下，地下深处的物质会涌到地面上来，海洋深处的沉积物会上升到地面，形成崇山峻岭，地下深处的熔化物会沿着地壳裂缝和小孔来到地面上。所有的一切，地质学家都可以用精确的方法研究。也就是说，虽然某些矿物和岩石生长的地方比较深，人们不能直接观察，甚至有一些生长在地下一二十千米的地方。可是，科学家还是可以把那里的矿物和岩石带到实验室中，研究它们的组成和成因。

虽然如此，我们还是不能满意，因为到地球中心的路有6400千米，现在才走了一二十千米，还剩下很长的一段距离，这段距离大约等于从圣彼得堡到外贝加尔的赤塔的路程。在这段路程上，一二十千米只是一小段，仅相当于从圣彼得堡到列宁格勒附近的列巴茨村的这一小段距离。

那么，对于地下深处，我们了解多少呢？地下深处又是由什么物质构成的呢？

关于这个问题，我们知道得太少了。不过，近几年有了一些新的发现，我们的眼界开阔了一些。我们已经知道，地球的比重是5.52，这个数字的含义是地球的平均密度大约是水的五倍多。可是，地球上普通岩石的密度仅仅是水的密度的两三倍，例如，石灰岩、砂岩、花岗岩等。因此，我们可以推测出，地下深处物质的密度远远大于我们周围物质的密度。而且，在我们能够探测到的深度范围内，地球的成分已经在发生变化，铁和镁等金属比地面上的含量多一些。所以我们会想到，更深的地方，直到地心，地球的成分还在不断变化。不过，知道这些还远远不够，宇宙中的天体很多，地球只是其中微不足道的一个，我们还想了解太阳、彗星、其他星星等天体的组成成分，然后和地球的成分做一个对比。奇怪的是，我们对于遥远体天成分的了解，要比地球深处成分的了解多得多。有时候，这些天体的颗粒会以陨石的形式降落到地球上，研究过这些陨石之后，我们对整个宇宙的组成成分有了初步的认识。

近几年，对于地震的研究带给我们许多知识。地震时，震波会从震动的地方向四周扩散，有些震波沿着地球表面传播，有些震波则是在地球内部的各个方向传播。当某个地方发生地震时，例如日本，更准确一些是，日本地下的某一处发生了地震，那么，每一个精密的仪器都会接收到两个震波：一个是沿着地球表面传来的，另一个是从地球内部传来的。地质学家研究后发现，穿过地球内部的那一部分震波，在地球内部的速度并不相同，因为地球内部不同深度的组成物质不同。在距离地面比较近的地方，震波的传播速度比较快；在距离地面比较远的地方，震波的传播速度比较慢；这是因为地球表面的物质比较稀松，比重比较小。根据震波的传播速度，可以判断出地下深处的物质是如何改变的。

我们要去地下深处旅行，去那压力极大且温度很高的地方研究一下。当我们旅行的时候，一定要注意：深入到地下几十千米时，我们会遇到液态的熔化物，这里的温度也比较高；再往下走，熔化物的性质发生了改变，不再是液体，而是像玻璃一样的物质，虽然还是炙热的，却已经是固体了。

我们的出发点是地球表面，我们所选择的几个栖息地对应着围绕着地球一周的黑色玄武岩地带。栖息地的主要成分是花岗岩，花岗岩的比重大约是 2.5，里面含有许多氧和硅。花岗岩是地壳最外面的组成部分，下面是比重大一些的玄武岩地带。在玄武岩中，铁的含量比在花岗岩中的高一些，玄武岩的比重大约是 3.5。在地下 30 千米的地方，这里有许多镭的化合物，由于镭不断地向外

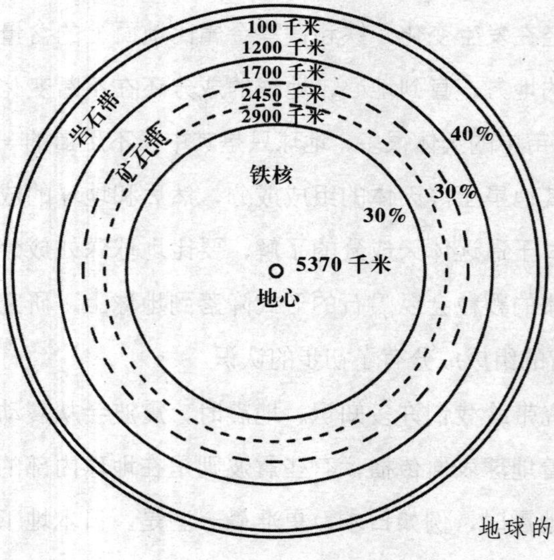

地球的剖面图，以及它的各层

放出热量，这里的物质处于液体状态。

一直到地下 1200 千米的地方，全部属于地球的岩石带。在岩石带的深处，穿过熔化物之后，我们会见到非常重的岩石——辉榴岩，这种岩石看起来像玻璃。火山爆发时，有时候会把这种岩石的碎片带到地面上来，在这些碎石块中，一般会找到珍贵的金刚石晶体。

继续往下走，在 1200 千米到 2900 千米的地方，是著名的矿石带，这里有许多铁矿石，还有磁铁矿和黄铁矿。铁矿石中还有其他的矿石，例如：铬矿石、钛矿石等，而且铁矿石里面含有大量的铁，氧的含量比较少，所以比重比较大，其重量大约是同体积水的重量的五六倍。矿石带受到的压力非常大，虽然这里的温度很高，物质的状态却是固态。

矿石带的厚度将近 2000 千米。经过这个地带，再往下走就是地球的核，核的比重大约是 11，是钢的比重的 1.5 倍。核的主要成分是铁，铁的含量是 90% 多，剩余的是其他的物质，例如：镍、硫、磷、碳等。

那么，整个地球的组成成分是什么呢？哪些物质（元素）的作用比较重要呢？现在，我们已经知道这个问题的答案了，我们把有着重要作用的元素按照由主到次的顺序排列出来：氢、氦、铁、氧、硅、镁、镍、钙、铝、锍、钠、钾、钴、铬、钛、磷、碳。

那么，我们的地球是如何形成的呢？为什么地球中铁的含量高达 40%？为什么地球中的化学元素是这样分布的呢？如果大部分的铁矿石分布在地球表面，对于我们将会好处多多，我们不用担心工业的发展，因为有取之不尽的铁矿石，绝对不会出现“钢铁饥荒”。

关于地球的形成问题，已经出现了几十种不同的学说。最令人信服的一种学说是这样描述的：我们的地球是由宇宙中的无数碎屑组成的，新的碎屑会盖在旧的碎屑上面，这些碎屑混合在一起，等到熔化的时候，重的元素在深处沉淀，而轻的元素聚集在表面，逐渐形成了岩石带。

这个学说有着一定的科学性。我们研究天体的成分后发现，这些天体含有的物质和地球上的物质是相同的。不过，我们对于天体矿物学的了解还是非常有限的。我们以月球为例来说明，科学家只能根据降落到地球上的陨石来推测月球的成分，判断月球上有哪些矿物。虽然科学家也在其他天体上（也许是彗星）发现了类似的一些矿物，但这些知识是片面的，不是完整的。

月球、行星、彗星及其他的恒星，都是为了需要而研究的领域，也是天文矿物学的重要任务。现在，我们的任务是研究地球内部的矿物，并且和宇宙中的矿物进行比较……

我们去地球中心的幻想之旅，使我们产生了研究宇宙的念头。不过，我们在研究地球内部的矿物时，凭借的不是天马行空的幻想，而是深刻的科学分析，帮助我们正确地看待这一切。现在，我们正在一步步地认识宇宙，了解宇宙。根据我们目前的研究可知，宇宙中的各种天体，例如：彗星、恒星、星云、行星等，组成物质都是非常相似的。宇宙中的天体都是由某些相同的物质组成的，这些物质中大约有十几种主要化学元素，最主要的元素是铁、硅、镁、氢、氧、氦。我们的地球只是宇宙中的一个不起眼的小小星球，但地球上的规律适用于整个宇宙。

2.3 晶体和晶体的性质

如果你想要弄清楚什么是晶体，仅仅去矿物博物馆中参观一下石英和黄玉，或者在冬天里研究一下小雪花，或者把砂糖放在放大镜下观察，这样是远远不够的。我们必须亲自培养晶体，仔细研究它的一切。

我们首先去药房买200克的明矾和胆矾，再买两个玻璃杯当做结晶皿，有了这些东西就能够做结晶实验了。实验的具体步骤是：首先把明矾放在一个大玻璃杯中，然后往杯中倒一定量的热水来溶解明矾，热水的量一定要控制好，不能把明矾全部溶解掉，还要在玻璃杯中留下一些。接下来就是等着杯中的水冷却，我们会发现杯底的沉淀比原来多了一些；两个小时后，把玻璃杯中的透明溶液倒入其中一个结晶皿中，然后用纸片盖住结晶皿的皿口，把结晶皿放在窗台上。按照同样的步骤来操作胆矾，在另一个结晶皿中，我们得到了鲜蓝色的溶液。

第二天早晨我们会发现，两个结晶皿的底部都有一些小颗粒的晶体，有一些晶体的颗粒小一些，有一些晶体的颗粒大一些。把两个结晶皿中的溶液倒在不同的玻璃杯中，然后用小镊子从两个结晶皿中分别挑选出五六粒又大又好的晶体，用吸墨纸吸干净上面的溶液。把两个结晶皿中剩余的晶体倒掉，然后把结晶皿清洗干净，再把玻璃杯的溶液倒回各自的结晶皿中。接下来，用小镊子把夹出来的晶体放回各自的结晶皿中，注意晶体不要挨在一起，最后，用纸片盖住结晶皿放在窗台上。其实，还可以采用另一种方法：在结晶皿中倒入溶液之后，把一根线悬在结晶皿中，第二天，线上就会有一些小小的晶体，然后把线提出来，留下一两粒又大又好的晶体，把其余的晶体去掉。最后，把线放回结晶皿中，就像图中显示的那样。

第三天清晨，我们把结晶皿上的纸拿掉，就会发现晶体长大了不少。这时，用小镊子把晶体翻转过来，让晶体的另一面挨着结晶皿的底部，然后用纸片盖住结晶皿，再把结晶皿放在窗台上。这样一天天过去，结晶皿中的晶体会越来

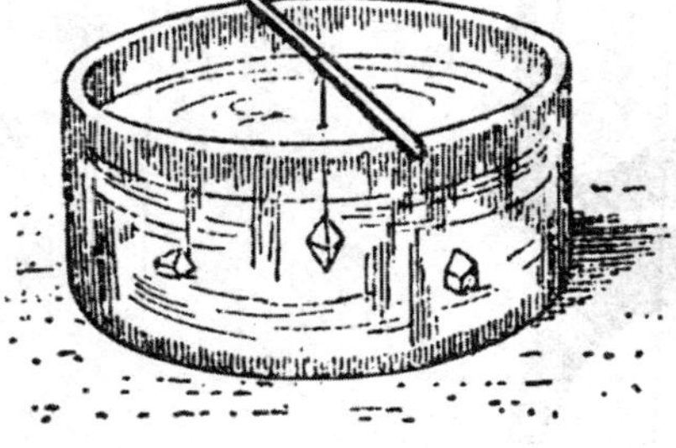

结晶皿中不断长大的晶体，有一粒晶体在线上

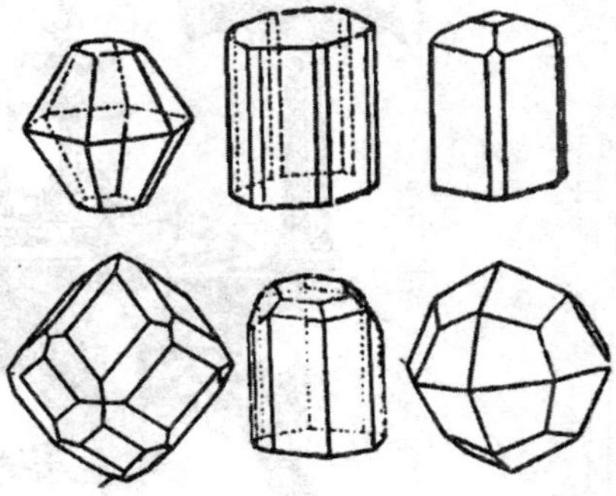

几种天然的晶体，从左到右是：第一排是刚玉、绿柱石、符山石，第二排是石榴石、黄玉、白榴石

越大。不过，有时候在晶体的周围会出现新的小晶体，这时，必须重复一次前面的过程。用小镊子把结晶皿中的大晶体取出来，用吸墨纸吸干净上面的溶液，然后把溶液倒在玻璃杯中，把结晶皿底部的小晶体扔掉，冲洗干净结晶皿后，再把溶液倒回去；最后，把大晶体放在溶液中，盖上纸片后把结晶皿放在窗台上。这样一来，我们可以亲眼看着晶体慢慢长大，一天比一天大一点。我们可以用不同的方法来进行类似的实验，全面观察晶体的结晶现象。

在这个实验中，我们会发现，同一个结晶皿中沉淀出来的晶体的形状相同，但两个结晶皿中晶体的形状完全不同。也就是说，明矾和胆矾的晶体的外形不一样。

我们可以把明矾晶体放在胆矾溶液的结晶皿中，观察一下会出现什么现象。观察的结果是：有时明矾晶体会溶解，有时晶体的表面附着了一些蓝色的小颗粒。不过，如果我们去药房买一些紫红色的铬矾，按照前面的方法，在另一个结晶皿中结晶，然后把明矾晶体放在铬矾溶液的结晶皿中，再把铬矾晶体放在明矾溶液的结晶皿中。我们会发现：紫色的铬矾晶体继续长大，但外面是白色的；而放在铬矾溶液中的明矾晶体也在长大，外面却是紫红色的。其实，我们还可以得到一

研究晶体的测角计

种带有条纹的带状晶体，只要把晶体轮流放在两个结晶皿中就可以了。

我们还可以做这样的实验，在明矾的结晶皿中，放上一些硼砂，让明矾进行结晶。这时，明矾晶体会继续长大，但晶体的样子发生了变化。在这个实验中，结晶成的明矾晶体不仅有原来的八个面，还多了六个不规则的面。我们可以往明矾的溶液中放其他的杂质，而不是硼砂，这样我们会得到不同形状的晶体。

现在，我们拿出来一颗比较大的明矾晶体，去掉其中的一个角，然后把这个晶体放到明矾溶液中，不久后这个角会重新长出来，恢复原来的样子。

再拿出一颗明矾晶体，把上面的角全部去掉，然后把晶体打磨成球形，再把这个小球放在明矾溶液中，我们会发现，这颗小球在慢慢发生变化，一点点地长大，最后长成原来的样子。

结晶学家可以用多种方法来做这一类实验，实验的结果使他确信，在晶体的世界中，有许多严格的规律在起作用。

测角计是一种精密的仪器，结晶学家可以用它来测量不同晶体的角。结晶学家根据测量结果得知，每一种晶体的某个角的度数是确定的，不会因为时间和地点的改变而发生变化。以明矾晶体为例，不管是在什么时候，什么地方进行测量，它的角锥上的角的度数总是54度44分8秒，绝对不会出现其他的度数。

结晶学家常常把各种晶体制成透光的薄片，这种薄片的厚度只有百分之几毫米，然后让一条光线通过这种薄片。在绝大多数的晶体中，这条光线会变成有着特殊性质的两条光线。结晶学家还发现，晶体有着独特的性质和特征，例如，同一种晶体的不同晶面的硬度不同，电流只能在特定的几个方向通过晶体，其他的方向就不行。

随着结晶学家对晶体研究的不断深入，他们已经发现了晶体的世界的奥秘。他们逐渐了解到，在地球的各个角落，存在着按照一定的规律生成的各种晶体。

苏联的河岸或者海岸上到处是花岗岩，科学家不但研究花岗岩中的大颗粒的粉红色长石晶体，他们还研究石灰岩和砂岩中的薄片，还用显微镜观察这些晶体。而且，科学家还用更加精密的仪器，比如能够产生X线的仪器来研究这些晶体。他们发现，在黏土中，在烟灰中，在各种物质中，晶体的生成规律有着重要的作用。

如果想要弄清楚晶体的生成规律，就必须观察晶体的生长变化。我们可以用不同的盐来做晶体的结晶实验，可以想办法让晶体的碎片不断长大，最后长成完整的晶体。可以把完整的晶体打磨成球形，让圆球重新长成有棱角的晶体，可以每天观察结晶皿中的晶体，根据需要加以处理。这样一来，我们才能了解晶体的世界，研究出关于晶体的生成规律。

2.4 晶体和原子的世界结构

我们的眼睛看到的世界是有限的，无论我们的目光多么锐利，我们能够看见的小东西都有一定的限度。

超过我们的眼睛限度的小东西，我们是无法用肉眼看见的。我们周围的东西，例如：山峰、森林、人们、野兽、房屋、石头、晶体等，我们都可以用眼睛看见。不过，这些东西是如何构成的，一个个小小的细胞是怎样组成活物质的，化学元素是怎样组成整个自然界的，这些我们的眼睛都无法看到。

我们发挥一下自己的想象力，去幻想这样的一件事：我们的眼睛能够把看见的东西放大几百亿倍，但我们本身的大小不会发生变化，类似于《格列佛游记》中的主人公，那时候，我们周围的山峰、海洋、城市、树木、石头、田野等都不见了，我们将会进入到另一个奇特的世界中。

大家有没有见过这样的云杉林，那里的云杉按照一定的规律裁剪：一棵棵的大树排成整整齐齐的行和列，站在两行的中间往远处望去，可以看见很远的地方。在上图中，如果你站在中间的坐标轴上，朝前后左右四个方向望去，看见的都是一行行的大树。如果你后退一步，来到两条斜线的交叉点上，你会看见其他方向上的树木；在你的眼中，整片树林像是一些网格。

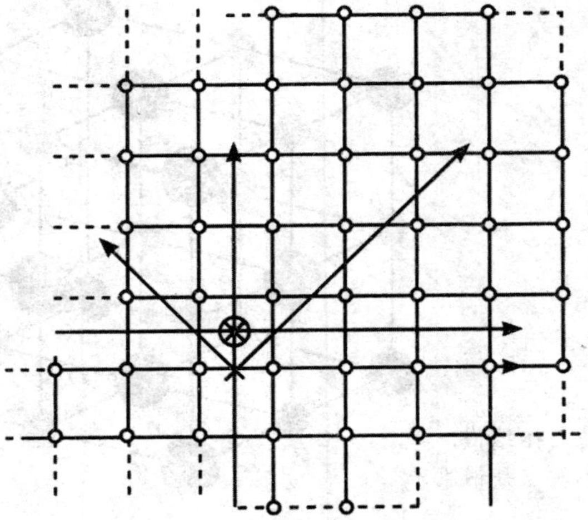

平面上的晶体方格

我们的眼睛把看见的东西放大几十亿倍后，我们就会见到类似于云杉树林那样的情况。那时，世界上就没有物体了，到处是整整齐齐的、无穷无尽的网格，就像上面的图中所显示的那样。

这时，我们见到的不仅是在平面上无限延伸的网格（像是杉树林），还有上下方向上不断延伸的网格。这时候，网格的交叉点上不是树木，而是一个个的球体，这些球体就像是悬在半空中，它们之间的距离是几十厘米或者几米，整整齐齐地排列着。

图书馆、讲堂、俱乐部等建筑物的大厅中的灯泡，有时候就排列成这个样子。我们坐在这样的大厅中，就像是置身于美丽的森林。如果我们在这样的大厅中，偶尔看见一粒食盐或者一小撮食盐，我们就会见到许多笔直排列的行和列，就像图中显示的那样。

如果我们能够见到石灰石、铁块、铜块的小颗粒，我们就会看见更加复杂、美丽的格子结构。

世界上的物质千千万万，每一种物质都有自己独特的结构，悬在半空中的小圆球就是这些物质的结构图。在这个神秘的世界中，我们只能见到这些小圆球。

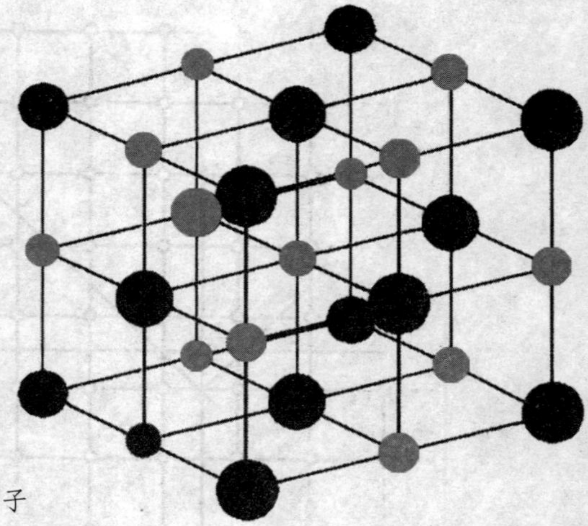

食盐（氯化钠）的晶体结构，
大黑点是氯原子，小灰点是钠原子

在这个世界中，我们平常见到的东西都会增大无数倍，我们手指的直径会非常长，大约等于从列宁格勒到乌拉尔的距离。一根火柴的直径是 325 千米，类似于从莫斯科到博洛戈耶的距离。

在这个新奇的世界中，除了无穷无尽的网格，再也见不到其他的东西。这里到处是悬在半空中的小圆球，这些小圆球就是组成物质的基本结构。

我们把这幅图向大家解释一下：小圆球按照几何学上的规律来排列成网格，这种排列方法构成的不是其他的物质，而是我们所熟悉的晶体。

在自然界中，大部分的物质是由这样的晶体构成的，只有极少数的物质的点是杂乱无章的。

我们在结晶皿中沉淀成的晶体，或者在山里发现的晶体，都是由那些有规律的网格组成的。我们已经研究清楚了这个世界中的网格，还应该仔细地观察一下这个世界。如果要还有观察更细微的地方，我们的视力还要扩大一千倍。

这时，我们所看见的两个小圆球之间的距离不再是几米，而是几千米，那些网格已经不见了。现在，小圆球不再是一个个的小点，而是一个复杂的完整结构。在我们的周围，有许多小的物体在围绕着中心的核运动，在特定的轨道上旋转。现在，我们要学学《格列佛游记》中的主人公，到这个新世界的内部去参观一下。

我们研究后发现，这些小物体在某种力的控制下运动，当它们从一个轨道穿越到另一个轨道时，会发出亮光。这个世界类似于太阳系，太阳是中心，无数的行星围绕着它旋转。在我们的世界中，最常见到的城市、房屋、石头、动物、植物等物体，现在我们已经把这些都忘了。刚才见到的排列的整整齐齐的网格，也被我们抛诸脑后了。现在，我们正待在原子的内部，周围是正在旋转的无数的电子。

《格列佛游记》

我们还能做些什么呢？

我们的视力能不能再扩大一些，到另一个新的世界中去呢？这应该是可以的，不过，那个世界是什么样子的呢？到目前为止，我们的了解还非常有限。

如果想要看到那个新奇的世界，我们的视力还要扩大几万倍，那时我们就会来到更小的世界中，那就是原子核的世界。在这里，存在质子和中子两种物质，它们的质量差不多，但中子的体积大一些。

我们的世界是由无数的原子组成的。在这个美丽的世界中，像小圆球一样的原子按照一定的几何规律，排列在广阔的空间中，组成了十分协调的结构。

各种晶体及其严格的规律，统治着我们周围的自然界。有些晶体比较大，那是非常致密的物质，在这样的物质中，不管是原子的数目，还是原子组成的网格，都是非常庞大的，如果要用数值把这个数目表示出来，数字 1 的后面至少有 35 个 0。

有一些物质，我们的肉眼无法看出它们的结构是有规则的，还有一些物质，几百个或者几千个原子组成了它们的小颗粒，例如，烟囱中的烟灰，金子的水溶液等。

我们周围的世界是由各种各样的原子构成的，有些原子的结构比较复杂，有些原子的结构比较简单。现在，我们已经发现了100多种原子。

在所有已知的原子中，氢原子的结构最简单，体积也最小，而铀原子的质量最重，它们的结构有着巨大的区别。

一立方厘米的任何物质中，原子的数目都是数不清的，虽然如此，科学家还是研究了原子，了解了自然界中的原子的秘密。在探索原子的秘密上，物理学家和结晶学家付出了巨大的努力，最终获得了成功。《格列佛游记》是一个美好的童话，现在科学家已经把这个童话变成了事实。

第三章
石头的历史

3.1 石头的生长变化

石头也有自己的生命史，虽然这段生命史和动植物的生命史有着显著的区别，这一点我们在前面已经说过了。石头的生命史非常久远，绝对不止是几千几万年，而是千百万年，甚至是几亿年，因此，石头在几千年内的变化，我们很难发现。马路上的石头和田野中的石头，我们看不见它们的变化，因为它们的变化很小，我们的肉眼无法察觉。其实，不管是马路上的石头，还是田野中的石头，它们常年经受着日晒雨淋，车马的践踏，还有微生物的作用，无时无刻不在发生变化，变成新的东西。

如果我们可以改变时间流逝的速度，像拍摄电影一样把千百万年的历史拍摄下来，然后飞快地放映这部片子，我们在几个小时内会发现大自然的巨大变化。海洋的深处出现山脉，山脉上升到地面之后又变成了凹地；炙热的熔化物中出现矿物，然后矿物碎成粉末，接着变成了黏土；无数的动植物在短短的几秒内变成了厚重的石灰岩；在几分钟内，人们把矿山变成了平地，把矿石变成了铁板、铁轨，或者各种机器。在这个跳动的画面中，所有的东西都在以闪电般的速度发生变化。这样一来，我们亲眼见到了石头的形成、变化、消亡。这些变化也像是动植物的生命史一样，受到某些规律的支配，这些规律正是我们的矿物学家所要寻找、研究的。

现在，我们从地下深处的“岩浆带”入手，来研究地球上矿物的发展变化。在这个地带中，温度大约是1500℃，压力是好几万个大气压。

岩浆是多种物质混合成的物质，里面不仅有溶液，还有大量的熔化物。岩浆在地球内部沸腾着，里面夹杂着大量的水蒸气和许多种具有挥发性的气体，这时岩浆的内部已经在发生变化，有一些元素开始结合在一起形成化合物（液

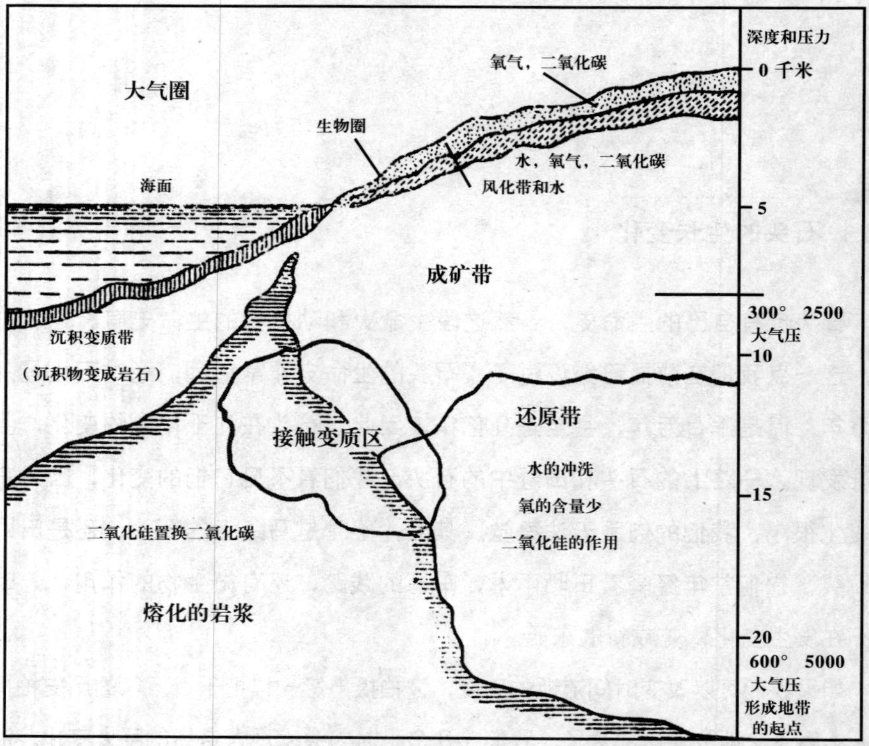

地壳和各个地带的纵切面

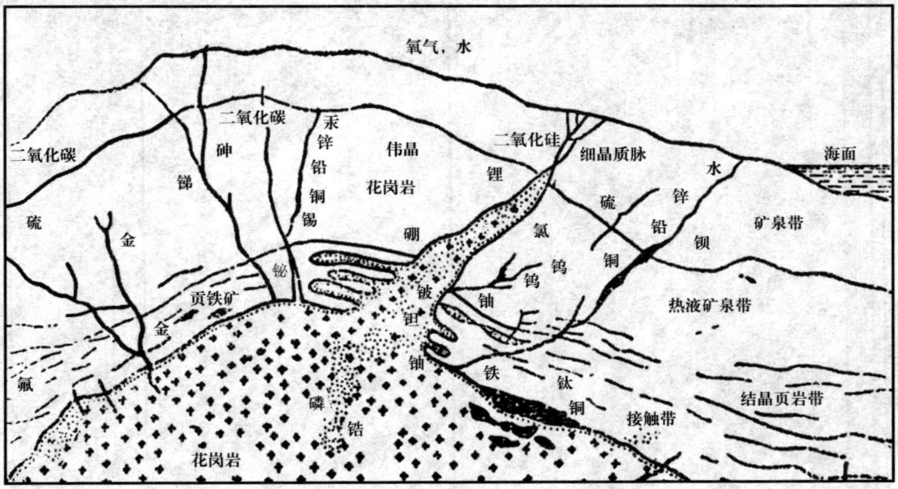

花岗岩体的纵切面，图中显示的是
花岗岩脉的分支，以及析出来的多种金属和气体

体状态）。后来，也许是因为岩浆的冷却，也许是因为岩浆进入温度比较低的、比较高的地带，岩浆逐渐地凝固起来，并析出多种物质。在这些物质里面，有一些化合物先凝固成固体，开始结晶，而此时的岩浆大部分是液体状态，先生成的晶体就会沉积在岩浆的底部，或者悬浮在岩浆中。先生成的固体颗粒在结晶时具有吸附性，可以把同种物质吸附过来，由于被吸附的物质越来越多，导致生成的晶体越来越大。后来，所有的固体物质开始慢慢聚集，逐渐从岩浆中脱离出去。

最后，岩浆变成了各种各样的晶体，导致多种矿物混合在一起，形成了所谓的结晶岩。开始时，花岗岩、正长岩、玄武岩都是出于熔化状态犹如海洋表面的浪涛和飞沫，后来才逐渐凝固成岩石，花岗岩的颜色比较浅，玄武岩的颜色比较深，比重也非常大。在岩石学上，有着几百种不同的岩石，岩石学这门科学研究的是岩石的结构和组成成分，探索的是岩石的生命史，它们在地下深处留下的痕迹。

岩石处于熔化状态时的成分，跟它凝固成固体之后的成分，有着巨大的差

熔岩

异。岩石在凝固之前，炙热的熔化物中含有大量的挥发性物质，这些物质不停地往上升，直到来到熔化物的外面。在很长一段时间内，这些熔化物一直往外冒着烟和气，直到液态的熔化物全部凝固成岩石。熔化物凝聚成固体岩石之后，岩石中含有少量的气体，其他的气体都以气流的形式跑到地面上去了。

不过，不是所有的挥发性物质都能够来到地面上。其中，有一大部分受到阻碍，被其他的物质留在地下深处。水蒸气冷却成液体，在地下形成了温泉，沿着裂缝或者岩缝来到地面上。在流动的过程中，温泉逐渐冷却，里面含有的矿物从溶液中分离出来，慢慢形成沉淀。一部分气体溶解在水中，随着泉水或者温泉来到地面上，还有一部分和其他的物质凝聚成固体化合物。

奥地利著名的地质学家修斯（Eduavd saess，1831~1914) 曾经说过："温泉是一种新生的水流，连接了岩石的生命和地球表面的生命，是一条不可或缺的纽带。"地下的温泉在冒出地面的时候，会把地下深处的物质带到地面上来。在这些物质中，有些物质（主要是重金属的硫化物）会粘附在岩石的缝隙上，逐渐沉积出来。这样，有一部分挥发性物质会变成矿床，成为人们梦寐以求的矿产。然而，水、挥发性化合物、蒸气、气体、溶液这些物质在上升的过程中，不论遇到任何阻碍，也不会在陆地上沉积成矿物，所以它们能够升到地面上，跑到大气中或者海洋中。在地质年代中，一直是这样的，逐渐形成了现在的海洋和大气。

我们现在见到的海洋，还有我们呼吸的空气，都是经过千百万年的变化形成的，代表的是地球漫长的演变史。

我们居住在地球的表面，上面是大气圈，里面含有大量的水蒸气和多种气体，还有来自于地面和宇宙的灰尘。在距离地面3千米以上的高空，那里不会受到地球的影响。那里有银色的云层，含有的氢比较多，在我们能够研究到的地方，能够看见北极光的光谱中闪烁着氢气的光谱线。不过，大气圈的下面又是另一种景象，火山喷发出的小颗粒在飘荡着，风吹起的尘埃在飞舞，狂风卷起来的沙子在飞扬，这里是另一个世界，充满了化学作用的世界。

在这个世界中，不仅有池塘和湖泊，还有沼泽和苔原，腐烂的有机物正在这些地方聚集起来。这些地方的底部有着大量的淤泥，淤泥中也在进行各种化学变化。铁元素逐渐聚集在一起形成豆铁矿，在氧气不足的情况下，含硫的有机物经过复杂的分解作用，慢慢形成黄铁矿的结核。在微生物的作用下，出现了越来越多的新的矿物。在海洋中，在一望无际的海水中，各种各样的化学作用正在进行……

接下来，我们看一下地球陆地上的各种变化。在多种因素中，二氧化碳、氧气、水是主导因素，起到主要的作用。在陆地上，石英质的细砂粒越积累越多；二氧化碳和一些金属（钙、镁等）发生化学反应，生成各种化合物；硅的化合物遭受到破坏之后，变成了黏土。风、太阳、水、严寒会加速这种破坏，每年每一平方千米的土地上，将有50多吨的物质被破坏掉。

破坏作用的范围很广，一直延伸到土壤的深处。在500多米的地下，依然有破坏作用留下的痕迹，不过，超过这个深度之后，破坏作用就停止了，那里是岩石地带，一个全新的世界。

这就是地球表面上所发生的变化，非生物界的发展过程。在我们的周围，时时刻刻在发生着各种化学变化。旧的物质消亡了，新的物质出现了，沉淀物的上面有了新的沉淀物，生成的矿物逐渐聚集起来，被破坏或者风化的矿物变成了另一种矿物，裸露的陆地也在被新的物质所覆盖。海洋底部的物质，沼泽地中的淤泥，岩石质的河床，沙漠中的沙子，将来这些都会消失，也许会被河水冲走，也许会被大风吹走，甚至会被岩石覆盖住，埋在地下成为矿产。这样，陆地上的物质被破坏后，将不会受到破坏作用的影响，逐渐被新的沉积物覆盖，来到一个全新的环境中，进入地下深处变成岩石。这些岩石会遇到熔化状态的岩浆，当岩浆穿过这些岩石时，可能会把这些岩石熔化，也可能成为岩石中的物质结晶。

美国黄石公园

地球表面的沉积物会进入地下，再次遇到地下深处的岩浆，在永无止境的运动中，任何一种物质的小颗粒都要经过无数次这样的变化。

因此，石头也是活着的的物质，它也会发生变化，会慢慢变得衰老，也会变成另一种新的石头。

3.2 石头和动物的关系

我们已经知道，石头和动物之间的关系密不可分。在地球上，有机体的活动范围非常有限，仅仅是薄薄的一层，这就是众所周知的生物圈。虽然有些科学家在 2000 米的高空发现过微生物的痕迹，空气流可以把植物的孢子和菌类运送到 10 千米的高空，在南美洲生活的一种鹫甚至可以在 7000 米的高空飞翔，但生物圈的作用难以影响到非常高的地方。生物在地下的活动范围也是非常小的，绝对超不过 2000 米。只有在海洋中，有机物的活动范围才比较大，从海洋的表面一直到深深的海底。不过，即使是在地球表面，生物的分布范围也远比我们想象的大得多。看过俄罗斯著名的生物学家梅契尼科夫研究所得的数据，我们会发现：有些生物的适应性很强，能够承受的生活条件的变动比我们所估计的要大得多。

在一篇旅行记里有这样的记载：一个旅行队在北极圈内的乌拉尔的冰天雪地旅行时，见到了一种细菌菌落，这种细菌的繁殖力特别强，繁殖后代的速度很快，不久后北极圈的冰面上就出现了一层浮土。在美国的黄石公园中，温泉的边生长着几种藻类，它们在 70℃的高温下不但能够生长，还能够沉淀出硅华。

有机物的生存范围的确比我们想象到的要大得多。真菌、细菌与微生物，或者它们的孢子，能够在 -253℃ ~180℃这个范围内生存。

在生物圈的中心地带，在土壤这一层薄薄的地表内，有机体可以充分发挥它们的作用。在 1 克的浮土中，生活着几十亿个细菌，蚯蚓、田鼠、白蚁等生物不断地在土壤中运动，使土壤变得膨松，使大量的空气跑到里面去。在中亚，每公顷的土地中有2400多万个比较大的生物，例如：甲虫、蚂蚁、蜘蛛等。微生物在浮土中的作用更是巨大，也是其他的生物无法比拟的。因此，法国著名的化学家柏托雷把土壤称为活的物质。

有些复杂的生物，从生到死一直处在矿物生成的各种化学反应中。我们知道，有些岛屿的形成和珊瑚虫的生活有着密切的关系。在地质时期的年代中，大量的珊瑚虫慢慢变成了长达几千千米的珊瑚礁，这里面有多种化学反应在起作用，也是海水中的碳酸钙堆积起来形成的。

在苏联境内，石灰岩是分布最广泛的一种岩石。只要仔细观察一下这些石灰岩，就会发现里面含有多种生物的残骸：贝类、根足虫类、珊瑚类、苔虫类、海百合、海胆、蜗牛等。这些生物的残体混合在一起，仔细观察就能够发现。

海洋中寒流和暖流的交界处，常常会形成一种特殊的环境，导致这里的鱼虾和其他的生物大量死亡。这些生物死亡后，它们的尸体会下沉到海底，在海底堆积起来，逐渐生成磷酸盐。根据沉积岩中含有的磷酸盐矿体可以判断，生物成群死去的现象不仅现在存在，在古老的地质时期也存在。

有些生物在活着的时候就可以参与矿物的生成作用，它们可以把各种化学元素变成稳定的化合物，在这些化合物的表面，有的是动物的石灰质外壳，有的是磷酸盐的骨骼，还有一些是硅质的介壳。另一些生物要死后才能参与矿物的生成，尸体中的有机物会分解、腐烂，这时才开始生成矿物。在矿物的生成过程中，这两类生物起到了重要的作用。生物的进化过程决定了各种矿物的特征，以前是这样，现在是这样，将来也会如此。

矿石的不断开采，工厂的加工作用，人类生活的影响……这些也在对石头的变化产生作用。

人们在生产、生活中，一方面在使用地球上的矿物，另一方面在改变地球上的环境。人们每年会提炼将近几亿吨的铸铁，从矿石中提炼出来的其他金属也高达几百万吨。人类在不断地了解自然、改造自然，在利用自然界中的矿物时，通过人工生产出人类需要的物质。

3.3 从天而降的石头

1768年，法国出现了奇怪的天象。那一年，法国境内的三个地方从天上掉下来石头，当地居民认为这是上天赐给他们的奇迹，而不去相信科学上的解释。当时的情形是这样的：在傍晚将近5点钟的时候，人们听到了可怕的爆炸声，晴朗的天空中出现了一些奇怪的云彩，接着有一个东西从天而降，落到田野上，原来是一块巨大的石头，有一半陷在稀疏的土地中。无数的农民围在石头周围，想要把石头弄出来，但石头太烫了，无法碰触。过了一段时间，这块石头冷却下来，外表是黑色的，非常重，在降落的地方静静地待着。

对于这个人们口中相传的“奇迹”，巴黎科学院很感兴趣，于是组织考察团去调查，这里面就有著名的化学家拉瓦锡。当时的科学家认为，天上不可能掉下石头来，所以，这个考察团否认这块石头从天上掉下来的，巴黎科学院也同意了他们的观点。

不过，“奇迹”还在继续发生，石头还是不断地掉下来，有些人亲眼见到石头是从天上掉下来的。于是，有些人开始反对巴黎科学院的说法，这里面就包括捷克著名的科学家赫拉德尼。他发表了许多文章，证明这些石头来自天上。石头从天上掉下来的这件事情，引出了许多荒诞的事情。无知的人把这些石头当做神圣的护身符，还有人跑到石头旁边，敲下一小块当做药材吃。1918年，有一块石头掉到卡申市附近，当地的农民把这块石头敲碎，然后把碎石研磨成粉末，当做治疗重病的良药。

现在，我们已经知道赫拉德尼是正确的，他曾经说过：“从天上掉下石头的事情每年都会发生，有时候是一块块地往下掉，有时候像下雨一样，掉下来的是细小的颗粒，有时候是巨大的石块，这样的石块会砸伤人或者引起火灾，还会把屋顶砸破，陷落在田地或者沼泽中。”的确如此，这些从天上掉下来的石头就是我们所说的陨石。

北极的雪应该是洁白的，上面不应该出现尘埃，因为城市、街道、沙漠中的灰尘无法到达这里，但这里的雪上面还是有细小的颗粒，这是从天上掉下来的。分析这些颗粒的成分可知，它们和地球上的矿物不同。有些科学家说，每年降落到地球上的“宇宙灰尘”有几万吨，甚至是几十万吨，这些“灰尘”可以装满好几列火车。掉落在地球上的陨石，有些是非常大的。美国亚利桑那州有一个直径大约是 1.5 千米的巨大穴口，人们一直在寻找这块陨石，但只是找到一些碎屑。这些碎屑证明这块陨石是铁质的，里面含有纯净的铁高达 1000 万吨，价值 5 亿卢布，但一直没有找到这块巨大的陨石。撒哈拉沙漠中也有一块巨大的陨石，阿拉伯人把这块陨石的一些碎屑运回去了。关于这块陨石有多种不同的说法，但没有人知道它是怎样掉下来的。1908 年 6 月 30 日，一块巨大的陨石掉落在中通古斯卡河沼泽地的荒林中，西伯利亚的东部出现了强大的气流，地面剧烈地震动。那次地球表面受到的严重撞击，遥远的澳大利亚的精密仪器都测试到了。近几年，针对这块陨石，苏联展开了无数次的讨论。

NASA 拍摄的美国亚利桑那州的巴林杰陨石坑

陨石降落后的通古斯地区

1927年，苏联科学院组成调查团，在矿物学家库利克的带领下来到通古斯地区，研究这块巨大陨石的秘密。调查团发现，那里的整片树林都受到了影响，几乎被烧光了。当地通古斯族的居民说，陨石掉落的情形非常可怕，巨大的响声震耳欲聋，强烈的暴风把树木都吹倒了，许多小鹿被吓死了，地面剧烈地震动，这一切都发生在一个晴朗的早晨。我们一直没有发现，这块巨大的陨石到底掉落在什么地方，但我们相信，人们总有一天会找到这块陨石，揭开西伯利亚荒林中的这个秘密。

那么，陨石到底是什么呢？它们是从哪里来的？为什么会掉落在地球上呢？我不想描述陨石的样子，大家可以亲自去苏联科学院矿物博物馆中看一看，或者查看这一节中的插图。

接下来，我为大家描述一下陨石的内部结构和组成成分。有一些陨石看起来像地球上常常见到的岩石，而陨石中的某些矿物在地球上还没有发现。有些陨石是由金属铁构成的，有时候里面会夹杂着一点点透明的黄色橄榄石。

无论是铁陨石，还是石陨石，都不是地球上的矿物，因此，陨石来自其他的天体。那么，陨石是从什么天体上来的呢？也许陨石来自月球，是月球表面的熔化物跑到地球上来了；也许陨石来自火星和木星之间的小行星的碎片；也许陨石是彗星的碎片；穿过大气层来到地球上。其实，现在我们还不知道陨石的真正来源，不知道它们来自哪一个天体。目前，我们只能进行一些推测，想象着陨石在宇宙中的历史。

以后，等到我们有了足够的知识，就能够解开大自然中的这些秘密。不过，想要做到这一点，首先要让自己成为一个优秀的自然科学家，仔细观察周围的一切，并用语言把自己看到的准确地描述出来，还要把各种现象进行比较，找到它们的相同点和不同点。多年前，法国著名的博物学家布丰曾经说过："我们一定要搜集事实，事实是产生思想的源泉。"的确，这句话很正确。

现代的矿物学家们正是这样做的，他们仔细搜集陨石，然后把陨石带回实验室，研究陨石的内部结构和组成成分，还把陨石和地球上的各种岩石进行对比，得出结论，作出合理的推测。

1868 年 1 月 30 日，沃姆札省下了一场陨石雨，有几千块陨石掉落在地球上。那些陨石有大有小，都有一层黑色的外壳，说明曾经被熔化过。有些陨石落到了地面上，有些陨石掉到了结了冰的河面上，虽然这次冰很薄，但陨石还是没有掉到河里去。

1867 年，一些陨石倾斜地落向阿尔及尔的地面。由于降落的速度很快，力量非常大，结果把长达 1000 米的地面砸成了沟渠。掉下来的陨石表面温度很高，有的甚至会超过 2000℃，但陨石内部的温度非常低，一碰就可以把手指冻僵。陨石在落向地面的过程中，常常因为和空气的摩擦而发生爆炸。有时候陨石会变成碎片掉落到地面上，或者像雨点一样落下来，这样在几千米的地面上都会

落在美国俄勒冈州的巨大铁陨石，1906 年被运到纽约。
这块陨石重 15 吨多，由于在地下埋藏的时间太久，表面上出现了许多凹洞

有陨石。

矿物学家已经把陨石的碎片和碎屑都搜集起来，收藏在矿物博物馆中。全世界有四个博物馆，莫斯科的苏联科学院矿物博物馆，芝加哥的博物馆，伦敦的不列颠国立博物馆，维也纳的国立博物馆，里面收藏着各种各样的陨石。

关于陨石的故事有很多，但没有一个故事能够说出陨石是从哪里来的。

1937 年 10 月 27 日，苏联的《消息报》上刊登了这样的内容：

“卡因萨斯”陨石被运送都莫斯科

9 月 13 日，一块巨大的陨石掉落在鞑靼斯坦共和国境内的穆斯留莫夫地区

和加里宁地区交界处的“卡因萨斯”集体农庄上，陨石的碎块有的落在田野上，有的落到森林中。其中，有一个碎片重54千克，掉下来时差点砸到正在田地里工作的集体农庄女庄员玛甫里达·巴德里耶娃。她距离石头的降落地点只有四五米，但当时的强烈气流还是把她推倒地上，受到严重的震伤。

同时，一块101千克的陨石碎片掉落到森林中，把一棵大树上的好几根树枝打断了。由于这个陨石掉落在“卡因萨斯”集体农庄上，所以被命名为“卡因萨斯”陨石。不久之前，这块陨石被送到苏联科学院的陨石调查委员会。在苏联科学院中，这块陨石是同类陨石中最大的，它的编号是1090。

另外，还有四块陨石的碎片被运送到莫斯科，其中一块碎片的重量只有7克，这是“卡因萨斯”集体农庄的人们捡到的最小的陨石。在这次搜集陨石的活动中，集体农庄的人们都积极参与了。

这一年的5月12日，一块3千克的陨石掉落在吉尔吉斯共和国境内。这块陨石是一个叫阿列克·巴依·捷康巴耶夫的青年找到的，所以被命名为“卡普塔尔·阿列克”，它也被运送到莫斯科，捡到它的人也得到了奖励。

每年的11月份，我们可以去户外观察星空。这时候，我们会发现许多星星向各个方向降落，每当有星星掉落的时候，天空就会出现亮光。这是因为有一些天体在地球周围通过，这些天体在进入地球的大气圈时才会出现亮光。我们的周围常常出现这样的流星，但这些流星绝对不会掉落在地球上。虽然流星划过的情况和陨石掉落的情况很相似，但它们有着本质的区别，根本不是相同的东西。不过，从天上掉落到地球表面的陨石，也是我们在某个冬天欣赏到的星空中的颗粒，也是宇宙中某个天体的碎片。

世界上根本没有奇迹，奇迹只是人们对无法解释的事物的称呼。让我们仔细观察、认真研究，用科学知识来解释这些神秘的事物吧！

3.4 不同季节中的石头

在一年四季中，石头会有变化吗？如果石头会发生变化，它是像一年生的植物，还是像多年生的植物呢？石头会像鸟一样改变羽毛的颜色吗？或者是像蛇一样蜕皮？一听到这些问题，许多人会争先恐后地回答：石头是死气沉沉的东西，没有生命，一年四季都是一样的，绝对不会发生任何变化。但是，我认为这样的答案缺乏思考，因为有些矿物是在特定的季节生成的，会在不同的季节中发生不同的变化。

在自然界中，有一种矿物的性质非常特殊，只能在特定的季节存在，这个季节过去后，它就会消失，等到冬天来临，它就会恢复原状。这种矿物就是冰和雪，水的固态形式。上面的话听起来有些奇怪，但我们只要认真地想一下就会明白，冰和石灰岩、砂岩、黏土一样，也是普通的岩石。雅库茨克地区常常会出现整片的冰岩，这里的冰和沙子、各种岩石交叠在一起，形成一层层的矿物。如果我们居住的地方常年是零下二三十度，那么，冰就是最容易见到的石头，

南美洲南部的莫雷诺冰川

它会形成高大的山脉，它那不常见的融化状态就是水。在这里，水是不容易见到的矿物，如果在太阳的照射下，某一处的冰融化成水，我们就会非常高兴，好像在火山地区见到熔化的硫，或者见到温度计中变成固态的水银。

虽然冰和雪是季节性矿物，却不是唯一的，这一类矿物在北极地区和高山地带常常见到，主要出现在冬天和秋天。

在莫斯科附近，春水在黑色的黏土上流过后，上面会出现一层淡绿色的物质，这就是绿矾，黄铁矿被春水氧化后形成的一种盐。绿矾在河谷的斜坡上到处都是，像是一些漂亮的花纹。不过，只要下一场大雨，就会把这些绿矾冲走。

在沙漠中，颜色变幻的现象层出不穷。我在卡拉库姆沙漠旅行时，有一次见到在这个荒凉的环境中出现一些盐，就像是凭空产生的。夜里下了一场暴雨，第二天早晨，在盐沙地的黏土表面上出现了一层白色的盐，这些盐有着各种各样的形状，有的像树枝，有的像细针，还有的像薄膜，踩在上面会沙沙作响。到中午的时候，沙漠上刮起大风，几个小时后，这些白色的盐就被吹散了。傍晚时分，这个盐沙地又恢复了原来的样子，到处是灰暗的颜色。

在苏联中亚的盐湖，尤其是里海岸边的卡拉博加兹戈尔湾，季节性矿物的变化更加明显。冬天的时候，卡拉博加兹戈尔湾中会出现千百万吨的芒硝沉淀，海浪把这些沉淀带到海岸上，看起来就像是白茫茫的雪花。等到白天，卡拉博加兹戈尔湾的海水会把这些白色的盐溶解掉。

不过，最奇妙的景色出现在北极地区。沙皇时代，矿物学家德拉威尔特犯了错，被流放到北极地区的雅库特盐泉，在这个冰封的世界中，他生活了六个月，亲自观察了一种矿物的生长变化。当盐泉的温度处于 -25℃时，盐泉的护垣上会出现一些六角形的晶体，这是一种非常罕见的矿物，它的名字是“水石盐”；在春天，这种矿物会变成普通的食盐粉末，而冬天就会长成六角形的晶体。德拉威尔特曾经说过：“它像是美丽的精灵，在它那有光泽的晶体表面行走都是一种罪过，好像亵渎了高贵的神灵。”

我们读了德拉威尔特研究水石盐的信，内心非常激动。要想分离出六角形晶体，盐水的温度必须是 -29℃；要想测量晶体的硬度，必须在 -21℃时用它来刻画冰块或者石膏。而且，德拉威尔特用来做实验的那间屋子，温度也非常低，大约是零下十几度。

下面，我们来看一下德拉威尔特在北极地区的雅库特是如何研究这种季节性矿物的：

在见到这些六角形的晶体时，我的内心非常激动，想要为这些晶体造一个型。开始时，我想把晶体的形状刻在石膏上，然后在石膏模型上灌铅。不过，我的手中没有石膏。我在克孜勒吐斯找到的透明的石膏，还放在那里，无法拿来使用。所以，我要去外面寻找石膏。在不远处的一个地方，我见到一些遭到破坏的石膏露头，然而，即使是找到这样的石膏，我也很满足了。我把石膏带回去煅烧，砸成粉末后，把杂质筛出去，还做了许多工作。可是，在我把六角形晶体按到石膏中时，晶体不但破碎了，还熔化了。而且，在温度比较低的时候，石膏会迅速凝固，不能把晶体紧紧地包裹起来，浪费了许多材料，还是没有制造出想要的模型。不久后，我带回来的石膏已经用完了，只好另外想办法了……我们还有一些奶油（当时，我们经常挨饿，粮食早就吃完了），经过同伴的允许，我用奶油继续做实验。我的想法是这样的：首先用奶油造型，然后往里面灌石膏。这样，我成功地制作出几个奶油模型，然后把模型放到温度比较低的地方去凝固，两个小时后，我去察看模型的凝固状况时，才发现模型都不见了。原来，这些模型被老鼠吃掉了。我差点放声大哭……

能够制造模型的材料都没有了，我还没有想到好的方法。突然，我的脑海中闪过一个念头：利用炉火。在我们居住的地方，有一个俄罗斯式的壁炉，这个壁炉总是烧得旺旺的，因为烟囱上的风门坏了。我拿过来几个六角形晶体，把它们放在距离炉口远近不同的地方。做这个工作的时候，我是戴着皮手套的，因为炉火附近的温度太高，不能用手直接去碰。晶体慢慢融化，失去一部分水分后，有些晶体的形状没有发生变化，有些晶体像是洋白菜一样分出许多小枝权，改变了原来的样子……

接下来的几天，我一直在壁炉旁边，采取不同的实验手段。最后，总算可以使晶体失去水分后保持原形，方法就是把晶体放在炉口的前面来烘烤，由于炉底有通风的小孔，所以晶体中的水分能够通过这个小孔跑出去。

不管是雅库特的季节性矿物，还是西伯利亚北极圈盐泉中的六角形晶体，都是这样研究它们的结构和成分的。

在上面的内容中，我只是列举了几个例子，来说明季节性矿物的显著变化。不过，如果我们用显微镜来仔细观察矿物，用精密的仪器来称量矿物的重量，我们就会发现，许多矿物有这种奇异的特征，在冬天和夏天的时候，形状会发生变化。

3.5 石头的年龄

我们能够测量出石头的年龄吗？大多数人的回答是：不能。大家都知道，想要测量动物或者植物的年龄都不容易，更何况是存在了很久的石头呢？我们不知道石头是什么时候形成的，不知道它们经过了多少岁月，更不知道它们的生命何时会结束。其实，事实远远比我们想象的要容易得多，有时候只要凭借矿物本身的特点，我们就可以知道它的年龄。

有一次，我去克里木旅行的时候，在那里仔细研究了萨克盐湖底形成的沉积物。湖底的淤泥是黑色的，可以用来治病，淤泥的上面生成了一层石膏壳。为了把湖底的淤泥取出来，我只有想办法把石膏壳揭掉。不过，这层石膏壳却被我弄碎了，成为了许多个尖角形的小石头，还有针叶状的碎片。

我发现针叶状的石膏碎片中有无数根黑色的小线条。把这些针叶状的石膏晶体进行对比，我观察到：这些黑色的小线条是水平方向分布的，而且有着显著的层次。这种现象并不难解释，石膏晶体一直在生长，而春水泛滥后的夏天生长得更快，因为春天发水后，周围山上浑浊的泥水会流到湖里去，这些水在经过石膏晶体时，在上面留下了黑色的线条。一根线条就表示石膏生命史中的一年，就像是树木横截面上的年轮。就这样，这里的石膏晶体用这样的方式记录了自己的生命史，它们的年龄还不到20岁。再观察一下晶体中黑色线条的厚度，我们就能判断出某年春雨的多寡，以及夏天的炎热程度。

在乌克兰的盐坑中，我们也能看到这样的年轮，但这里的线条比较粗大。这里的地下建造了一间间的屋子，屋子里面安装了照明的电灯，墙壁上面有许多横着的条纹，有规律地间隔着。我们知道，这些条纹代表的就是年轮。在二叠纪时期，拍尔姆海沿岸有许多盐湖，湖里的盐一层层地沉积下来，于是就出现了这些年轮。

然后，还有一种更加奇特的矿物，这就是苏联北部的带状黏土。这些黏土是古代湖泊和河流中的沉积物，这些湖泊和河流是从大冰川上流下来的水形成的，大冰川在两万年前覆盖了苏联的北部地区，它的几处还向南流出很远，甚至到达了俄罗斯南部的草原。根据黏土颗粒的颜色和大小，我们把黏土层分成两类：在冬天里沉积的颜色比较深，夏天中沉积的颜色比较浅。这样深浅不一的层次有好几千层，可以当做苏联北部的年代表。在地质学家的眼中，苏联北部的带状黏土就像是一部编年史，描述了苏联北部的发展过程。

在矿物学上，有一些测量石头年龄的方法，比上面的年轮法要准确得多。许多矿物和岩石中都含有镭元素，镭是一种特殊的稀有金属，它是由其他的放射性金属蜕变成的，而它本身也具有放射性，可以脱变成其他的元素，尤其是铅。镭在蜕变的过程中，可以生成氦气。镭发生蜕变的过程越长，生成的氦气和铅的数量就越多。因此，只要测量出某种矿物中镭的含量，再确定一定量的镭蜕变一年会生成多少铅，根据铅的含量就可以计算出这个变化进行了多久。也就是说，从生成矿物开始，到现在经过了多少年。

现在，根据我们的计算结果可知，最古老的矿物和岩石是在10亿到20亿年前生成的。在芬兰和白海沿岸发现的岩石，年龄大约是17亿岁。苏联顿巴斯的煤层，大约是在3亿年前开始沉积的。根据计算得到的岩石的年龄，我们推算出地球的年代表：

太阳系中行星的形成	5 000 000 000 ～ 10 000 000 000 年前
坚硬的地壳出现	2 100 000 000 年前
最初的生命形成	900 000 000 ～ 1 000 000 000 年前
甲壳类出现（圣彼得堡附近的蓝色黏土）	500 000 000 年前
盾皮鱼类出现（泥盆纪）	300 000 000 年前
石炭纪	250 000 000 年前
第三纪开始	60 000 000 年前
人类出现	1 000 000 年前
冰川时代开始	1 000 000 年前
冰川时代最后一期结束	20 000 年前
精制石器开始	7 000 年前
铜器时代开始	6 000 年前
铁器时代开始	3 000 年前
现代（公元前）	0 年前

这就是地球史上的各个时期的年代表，它是根据石头的年龄推算出来的。再往前追溯，这个年代表就推算不出来了。虽然科学家的求知欲很强，但他们还是无法得知地球史和太阳史之前的事情。上面这个年代表中的数字也是初步得出的，比较接近于真实情况的数字，这一点相信读者也可以看出来。现在只是确立了一些标杆，想要去测量过去的具体时间，人们还要付出许多的辛勤劳动，须经过长时间的研究，才能把这个年表中的近似数字变成准确数字，制定出一张精确的地球年代表，然后依据石头的编年史，正确地认识地球过去的历史。

如果想要充分地运用地球年代表，科学家还有许多研究工作要做，只有这样才可以根据动植物的年龄，准确地推测过去发生的事情。

第四章

宝石与珍贵的石头

4.1 金刚石

金刚石是所有宝石里最能折光、最奇异的宝石，任何石头都无法与它相比，它能发出彩虹的全部色彩，光芒熣燦，它也是所有天然产的物体里最硬的，也许正是这个原因，才被称为“金刚石”。金刚石不仅出现在珠宝店的橱窗里或宝石博物馆里，还被大量应用，金刚石可以切割玻璃，工厂和作坊会用金刚石的尖角进行非常精细的加工工作。金刚石在钻机这类器械上有很大用处，为了放置炸药，需要在悬崖和岩石上用带金刚石钻头的钻机钻孔。金刚石粉也有很大的用处，用薄锯锯断钢或坚硬的石头时，或把坚硬的金属板打磨薄些时都需要金刚石粉。因为有了金刚石，人们得以在山里凿通 10 ～ 15 千米长的隧道，可以用钻机钻到地下 4 千多米处，还可以制造出所划成的痕迹和线条只能用放大镜才能看到的那样精密的仪器。所以，现在一半以上的金刚石被应用于技术方面，甚至那些质地不好的、不透明的或有裂缝和杂质的金刚石也有了自己的用武之地。

金刚石是天然产物中的最硬的石头，金刚石之间可以相互刻画、切割和磨光①，只有金刚石可以做到这点，它同时具备这种宝贵的性质，这就是金刚石的价值。

人们所知道的液体中，最多只能熔化金属或岩石，根本没有哪种液体可以将金刚石溶解。在800℃以上的温度中，金刚石和硝石熔化在一起时才能燃烧，在普通的火焰中，金刚石是不可能燃烧的。金刚石还有一个可以散射太阳光的特殊性质，也就是说，它可以使天空出现鲜艳的光彩，就像阳光照射在雨滴上一样。经过细致琢磨过的金刚石能发出更加鲜艳的虹彩，这使我们对它产生了浓厚的兴趣。

玛丽亚女王花束

金刚石的成分非常单一，只有一种碳元素，这是一件非常奇特的事。金刚石与普通烟筒里的烟灰和铅笔里的黑色石墨不同，这是因为金刚石里的碳原子的排列方法与上述两种物质不同。

金刚石是名贵的奢侈品，现在它又成了技术上的好帮手。在人的手里，金刚石的每一颗晶体都能发出自己的光芒。人们用最好的、最纯净的金刚石晶体琢磨成美丽名贵的钻石，例如能把它们磨成平的蔷薇花形的钻石。用一些材质普通的金刚石晶体嵌在钻机的钻头上，制成雕刻用的细针，还可以把金刚石研成粉末，用这些金刚石粉琢磨其他坚硬的宝石或金刚石。

①人类的智慧近年来超过了自然界，在炉子里制出一种名为碳化硼的物质，有些情况下，碳化硼比金刚石还要硬，但它的脆性非常大。

在价格方面，哪怕是一颗非常小的金刚石粒也要比同重量的铂和金等贵金属昂贵二三百倍，而一颗大粒的金刚石，它的价值远远高于任何最稀有的矿物。有一件事可以证明这一点：南非著名的非洲之星，它是最大的金刚石，有600多克重，当时它的价格达到了200万金卢布。

现在每年开采的天然矿物中，金刚石的价值相当于每年铜和银产量的总值，达到2．5亿金卢布以上。

"非洲之星"

"非洲之星"是世界上最大的钻石，但相对于世界上最大的金刚石矿石"库利南"来说，也只是后者最大的一部分而已。1905年1月，监督员佛烈德维尔在南非普列米尔金刚石矿山上发现了"库利南"。他到矿场上散步，发现一件物体在太阳下闪着光芒，他还以为是泥里玻璃瓶折射了太阳光线发出的光芒，可仔细一看，才惊喜地发现那是一个像拳头那么大的金刚石。由于他发现了这件稀世珍宝，得到了一万美元的奖金，当时这个矿的总经理名叫库利南，所以这块宝石就以他的名字命名了。

原矿石呈淡蓝色，纯净透明，是一块晶体不太完整的重3106克拉的最佳品级的宝石。由于它太大了，所以由三个能工巧匠把它打碎，每天工作14小时，用了8个月时间把它打磨成9粒大钻石和96粒小钻石。

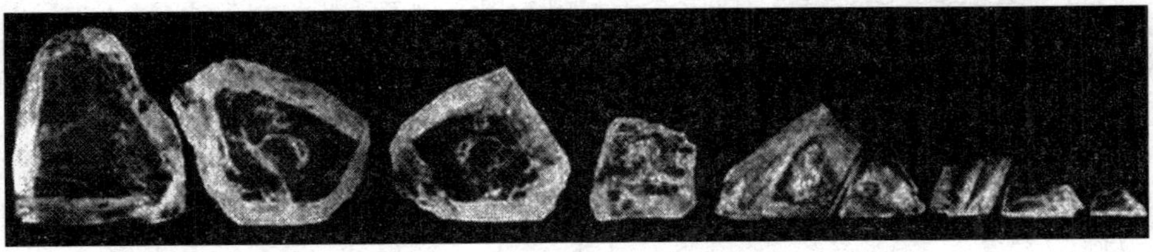

英国皇室拥有其中最大的四颗：

"库利南Ⅰ"：著名的"非洲之星"，形状为梨形，重530.2克拉，有74个刻面，后来镶在了英国女王的权杖上。

“库利南Ⅱ”：形状为方形，重 317.4 克拉，后来镶在英国女王的王冠上。

“库利南Ⅲ”：形状为梨形，重 94.4 克拉，后来镶在英国女王王冠尖顶上。

“库利南Ⅳ”：形状为方形，重 63.6 克拉，分割专家把其中的最小钻石分割为“库利南Ⅲ”和“库利南Ⅳ”，后来镶在英国女王王冠的边上。

正因为上述种种原因，金刚石才会受到了研究者的密切关注，而金刚石的成因和它的人工制法的问题也是具有极大的理论意义和经济意义的。

由于印度和巴西产的金刚石都是在淘洗河沙时得到的，所以人们长期以来都只知道在一些河流的冲积层里找寻金刚石的踪迹，当时人们并不知道哪些岩石里面有金刚石。

大约 100 年前，一个南非的小女孩在当地的沙地里游玩时最先发现了一颗金刚石。南非从此成了全世界开采金刚石的重要基地，南非大约有 100 万居民几乎都以开采金刚石为生。

地质学家发现南非有很多巨大的凹地，这些凹地呈漏斗状，里面有很多岩石，这些岩石都含有镁和硅酸盐，被称为角砾云母橄榄岩。这些漏斗穿透了花岗岩，不仅这样，它还将花岗岩面上好多层各种各样的生成物都穿透了。由此可见，熔化的状态下的角砾云母橄榄岩向地面升上来时，曾经发生了非常剧烈的大爆炸。先冲出漏斗状的火山口的是这种岩石所含的大量的气体和水蒸气，后面跟着涌上地面的是熔化的岩浆，本来岩浆受到的压力非常大，现在这些压力一下子减小了，这就使得岩浆非常凶猛地一阵阵涌出来。这些从地下涌上来的岩浆，一部分还没到地面上就凝固了，还有一部分岩浆突破了上面那层凝固的壳，混合在周围岩石的碎块中间。这样一来，喷出来的岩浆凝固以后，就会形成一种暗色的岩石，这种岩石与玄武岩相似。金刚石在这种岩石里的含量为每1.5吨为里不会超过1/10克，含量是非常少的。

金刚石是什么时候在这种岩石里生成的呢？又是如何生成的？专家们就此问题做出过很多科学的推测，也发生过很多争论。最终确定金刚石是从角砾云母橄榄岩的岩浆里结晶出来的。岩浆在地面下极深的地方时，是熔化的状态，它们在那里受到非常巨大的压力，金刚石就是那个时候在熔化物里结晶出来的。

现在我们已经知道了金刚石的生成过程，那么现在我们能否在实验室里模拟自然界的环境创造出与自然界同样的条件，制造出人造金刚石呢？于是，科学家们就想利用煤炭和石墨来人工制造金刚石，为此，他们付出了很大的努力。

科学家很多年前就从熔化的银子里和熔化的岩石里制造出了金刚石，但用此方法制造出的金刚石晶体非常小，到目前为止，还没有成功制造出比较大的、比较好的金刚石晶体。

但我们相信总有一天，科学家们可以在一种特制的炉子里人工制造出非常纯净的大颗金刚石晶体，而且可以制造出很多。

到时候世界会变成什么样呢？

那时技术水平发达，齿、锯、钻等器械都能改用坚硬的金刚石制作，这将给机器带来翻天覆地的变化，很容易就可以在山上钻孔，可以用金刚石、金刚石锯、金刚石粉来随意切、锯、磨光任何金属了……

一定会有这一天的，但这些事在今天来说还只是科学家大胆的、奔放的幻想而已。

我们应该知道一点，一个幻想如果是有科学根据的，那么它不久就能成为现实。例如：法国科学幻想家儒勒·凡尔纳在他的小说中描写的奇幻情景，其中有很多都从幻想成为了现实。

4.2 水晶

从颜色和透明度方面来说，一块水晶和一块玻璃是非常相似的。如果把它们摔碎了，它们的断口形状相同，棱角都同样锐利。但这两者是有区别的，不管用手拿着水晶多长时间，水晶始终是凉的，而如果用手拿着玻璃，玻璃很快就被手捂暖了。正因为这样，古代有钱的罗马人在天气热的时候，会在家里放一些大的水晶球体，这样一来，皮肤和它们接触时就会感觉非常凉快。之所以摸着水晶会感到凉快，是因为与玻璃相比，水晶的传热性非常强，手上的热传到水晶上去后，立刻就会被水晶传到里外各处，可玻璃只有表面可以传到热。我不知道古代希腊人是否早就了解了水晶的这个性质，也许是由于水晶和冰非常相似，所以希腊文中的“水晶”一词的确是从希腊文的“冰”字得来的。对此，罗马著名的科学家老普林尼是这样评价水晶的：“一定是天空里的湿气和纯净的雪生成了水晶。”

我们随处都能遇到石英，透明、纯净的石英会变种成为水晶。石英是苏联北部花岗岩里半透明的灰色石头，是磨刀石的碎粒，是乌拉尔所产的杂色的玛瑙或碧石等小装饰品。

有的纯净透明的水晶晶体非常大，往往重达 15~20 千克。乌拉尔极北区曾产出一吨重的透明水晶晶体[①]，马达加斯加岛曾出产过重达半吨的水晶晶体。所以，可以用这样巨大的一块透明水晶晶体雕出种种整件的物品，例如：在莫斯科的兵器库博物馆里，就收藏着很多水晶造的茶炊，维也纳的艺术博物馆里，收藏着珍贵的水晶长笛，这支长笛无论在雕刻和格调上都堪称完美。

水晶在瑞士和马达加斯加岛巨大的山洞里生成的。苏联一个勇敢的矿物学家不久之前来到了乌拉尔极北区的荒地，在那里发现了一个“地窖”，里面藏有大量透明水晶。

①这些水晶被运到莫斯科，在科学院矿物博物馆收藏着。

水晶非常稀奇珍贵。由于近年来水晶被人们广泛地应用于生产生活的各个方面，所以我们最好在这里多介绍一些关于水晶的知识。前面介绍过，水晶传热功能非常强，所以，水晶在那些需要立即把热传走的地方就派上用场了。另外，水晶还有一种电的性质，所以在无线电工程等多种电学仪器上的零件都会用到水晶。由于水晶的硬度很大，不易熔化，成分又非常纯净，且不会被酸腐蚀，这些性质非常可贵，使水晶成为是制造很细致的精密仪器的零件的最好的原料。此外，水晶这样的矿物，非常宝贵。在电炉里把水晶加热到2000℃时，它就会熔化，样子像液态玻璃似的，这时就可以用这些液态水晶制造杯子、管子和板等。水晶制品从外表上看和普通的玻璃制品没有任何区别，但它们有着很大的区别：把玻璃杯子加热后放到冷水里，或是往冷玻璃杯中倒入沸水，杯子就会炸裂。但石英质的杯子就不会发生这样的情况，就算你把它加热到发烫，再立即把它放到冰水里，它也不会炸裂。水晶还能抽成极细的石英丝，这是它的另一种奇异的特点。虽

巴西的水晶蛋（7500克拉）

然普通的玻璃也能抽成细丝，还能制成装饰枞树或者用在化学实验里代替滤纸的玻璃绒。用熔化的石英玻璃抽成的细丝比玻璃丝更细，肉眼几乎看不出来。500 根石英细丝并列放在平面上，宽度和普通火柴梗一样，如果要使这些细丝组成普通火柴那样粗的来，则需要 25 万根，熔化的水晶用很小的弓射出去才得到了这样的细丝。

古人用水晶作为上等的材料来雕刻图章或制造精巧的工艺品，因为水晶纯净又透明。乌拉尔的斯维尔德洛夫斯克市附近有一个名叫别列佐夫的村子，那里有很多用水晶制作工艺品的手艺工人，在普通的车床上，他们可以快速熟练地把石英质的小石子车成圆球状，再用这些圆球状的水晶制成小珠子，把这些小球子中心穿了孔，用线连起 50 粒到 70 粒，这就是一条闪亮的水晶项链，看上去就像是金刚石做的一样。

水晶现在被人类越来越多地应用于工业上，它的用途也越来越广，正因为如此，人们就绞尽脑汁地在实验室里制造水晶，以满足人类生产生活对水晶的大量需求。我们已经能够人工制造出红宝石和蓝宝石，也掌握了千百种盐和矿物的制造，难道还不能人工制造出简单的石英晶体吗？你们知道吗？石英占地壳成分的六分之一，而石英在地球上生成的晶体有上千种，尽管如此，想要人工制造出水晶可不是一件简单的事。化学家和矿物学家长期以来都没有找到水晶的人工制造方法。直到不久前，一位意大利的科学家才解决了这个难题，他终于在一个非常复杂的条件下，制造出了美丽、透明的石英晶体，虽然这种人工制造出来的晶体长度只有 1.5 厘米以下，但总算找到了正确的制造方法。我相信几十年之内，就不需要地质学家冒着生命的危险爬到阿尔卑斯山高峰、乌拉尔或者高加索的高山上去寻找石英的晶体，更不需要到巴西南部干旱的沙漠或者马达加斯加岛的冲积地去千辛万苦地寻找水晶了。将来会有很多石英工厂，在一个装满过热溶液的密封容器里注入白金丝，使这种溶液结出透明的水晶体。到时我们需要多少石英，只要在工厂里订货就行了，化学家也就代替了那些辛苦寻找石英的地质工作者了。

4.3 黄玉与绿柱石

金刚石和水晶非常漂亮，另外还有一些宝石也是非常漂亮的，有的宝石纯净透明，就像人的泪珠一样晶莹剔透，还有像黄玉、绿柱石和电气石等带有颜色的宝石。有一种绿色透明的绿柱石叫祖母绿，非常好看，它的价值可以与金刚石相提并论。

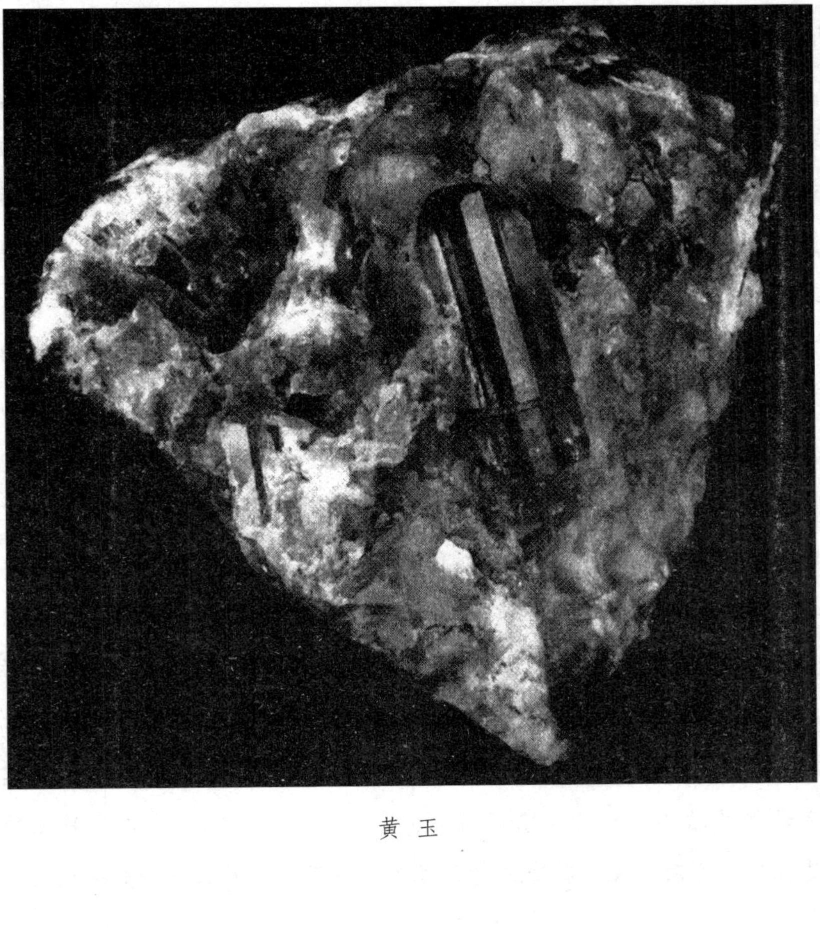

黄 玉

那么这些宝石是如何生成的呢？下面就是它们的生成历史：

远古的地质时代，地球表面上经常会发生造山运动，在这种缓慢的过程中，花岗岩岩浆熔化后会逐渐凝固起来。在生活中，我们经常看到热的牛奶冷却后，会有一层凝集在表面的比较富于脂肪的成分，花岗岩岩浆也是一样，在它凝固之前也会分出几个不同化学成分的层次，这在岩石学上被称为分异作用。在这个过程中，基性矿物会首先聚在一起而结晶出来，里面含有大量的镁和铁，而余下来的岩浆还处于熔化状态，其中含有较多的二氧化硅（石英）。在这种液态的岩浆内部，聚集着许多种挥发性化合物的蒸气和极少量的稀有元素。此外，岩浆内部还渗透着大量的水蒸气。所以，花岗岩岩浆的表面凝固后会生成一层薄壳，在这层薄壳上会出现很多突破的口子和裂缝。薄壳下面聚集着各种蒸气，这些蒸气想要不断突破薄壳，就会为其他熔化的岩体打开一条自下而上通往地表的通路。这种裂缝是由表面冷却作用而产生的，在这种裂缝里的是最后一部分岩浆，这部分岩浆中含有大量二氧化硅，里面渗透着水蒸气和其他挥发性化合物的蒸气，后来按照物理化学的定律，这部分岩浆逐渐凝固并且结晶时形成了伟晶花岗岩脉。伟晶花岗岩脉的中心像树枝一样向各个方向伸展出去，突破了花岗岩岩体的表面部分和其他已经凝固的岩石硬壳。这种岩脉的结晶作用需要的温度约为500℃～700℃。进行这种作用的物质已经是大量的蒸气和气体在相互溶解和饱和而生成的一种特殊状态的物质，而早已不是完全的熔化物和纯净的水溶液了。但这个凝固过程非常复杂缓慢，它是从岩脉的外壁（与它接触的那些岩石所在的地方）慢慢向岩脉的中心凝固，慢慢缩小岩脉内部处于流动状态的范围。有时，它们会凝固生成粗大的粒状物，里面的石英晶体非常长，足有3/4米长，还有很多像大盘子一样大的片状黑云母或白云母。各种矿物在另外一些情况下会按照一定的顺序结晶出来，往往会生成非常奇异的结构，就是文象花岗岩，也被称为希伯来岩。但岩脉里的物质并非是在生成美丽的文象花岗岩时就成为固体了。这时岩壁和岩壁之间还有一些或狭小或巨大的裂缝。这时候，一切最初以挥发性的蒸气状态充满的熔化的岩浆里的或是含量极少、分散在整个岩浆里的元素和化合物，都会在这些或大或小的裂缝中结晶出来，于是，就会有很多美丽的烟晶晶体和长石晶体在裂缝壁上生成。

绿柱石

电气石之所以会或黑或绿，色调美丽，是由于氧化硼的蒸气凝固以后会含在针状电气石里的缘故，氟的挥发性化合物凝固以后就会生成晶莹剔透的淡蓝色黄玉晶体。

锂云母和海蓝宝石是与电气石和黄玉相伴而生的，有时候锂云母会生成内含钾、钠、锂、铷和铯的巨大六面晶体，海蓝宝石内含铍，有绿色的和蓝色的两种。电气石、黄玉、锂云母和海蓝宝石这四种生成物混杂在一起，由于伟晶花岗岩脉中含有氟、硼、铍和锂这四种非常重要的贵重元素，且是它们的主要元素，所以这几种生成物非常美丽，而且很有价值。在每一种宝石的生成史上，这四种贵重元素都发挥着各自的作用。

有的伟晶花岗岩脉中硼的含量最多，那么整个岩脉里的岩石几乎都是电气石；在铍的含量最多的岩脉的文象花岗岩壁的裂缝里面甚至整个长石岩体的内部都贯穿着很多酒黄色绿柱石晶体。

这就是伟晶花岗岩岩脉里的各种宝石的生成过程。

4.4 一颗宝石的光辉历程

对于普通的矿物的历史，我们只有一个模糊的想象；而有历史价值的石头的历史就能根据文献、记载和传说、书本和手稿来了解了；还有一些石头，它们的历史是自己来叙述的。现在我们来看一看一颗名为“沙赫”[①]的宝石的历史，它的历史开始于神话般的印度，却在莫斯科结尾。

这颗宝石是在大约500年前在印度中部被发现的。在那个神话一样的时期，据说曾有几万个印度工人在烈日炎炎的天气里，到哥尔贡达河谷里挖掘金刚石沙，再用河水冲洗，在得到的五颜六色的石英质石块中发现了一个长3厘米左右的金刚石晶体，虽然颜色有些发黄了，但仍难掩它的纯净美丽，于是这颗金刚石被送到当时一位邦君阿麦德那革王的宫殿里，他把这颗宝石收藏在有无数珠宝的一个贵重的宝石箱里。为了雕琢它，印度杰出的手工艺人还特意磨了一些细碎的金刚石粉末，把这些粉末用细棍的尖端蘸着在这颗金刚石上刻字，历尽重重艰辛才在这颗金刚石的一面上刻出了这样几个波斯字：“布尔汗-尼查姆-沙赫第二，1000年。”同年，也就是公元1591年，印度北部的君主蒙兀儿大帝为了巩固自己对地方的统治，派了几个使臣到中部各邦去。但两年以后，使臣只从这些邦带回了只有15头象和5件珍贵的物品，这些贡品实在少得可怜。蒙大帝对此非常愤怒，对于那些不肯臣服的邦，他决定用武力制服它们。他的军队将阿麦德那革所领有的那个邦征服了，还抢走了无数的象和宝物，这颗金刚石也包括在内。后来，蒙兀儿帝国的王位被号称“全世界统治者”的德热汗沙赫继承了，他酷爱宝石，是收藏宝石的行家，所以他又在这颗金刚石的另一面刻上了这样几个字：“德热汗吉尔·沙赫之子德热汗沙赫，1051。”

奥连格·捷布是这个君主的儿子，他嫉妒心很强，一心想要篡夺王位，把父

①波斯国王和印度某些伊斯兰教的邦的邦君被称为沙赫。——译者注

亲的财富据为已有。长期的斗争后，他如愿以偿地做了皇帝，并把他父亲关进了监狱，占有了父亲所有的珍宝，这颗金刚石也包括在内。1665 年，著名的旅行家塔维尔涅到印度游历，这样描述了奥连格一捷布皇宫华丽壮观的景象：

我刚一进入德热哈－纳巴德的皇宫，就有两个宝物保管人员带我去见皇帝。我行过礼后，他们把我领到皇宫深处的一间小屋里，这间小屋里面的宝座上坐着皇帝，在那里，他可以把我们看得清清楚楚。皇帝宝库的保管人阿克尔汗也在这个房间里，他看到我们后就立刻让皇帝的四个太监把宝物拿来让我们看。他们端出了两个包金大木盘，红色的天鹅绒和刺绣的绿色天鹅绒制的两块小毡子盖在盘子面上，里面装满了各种珍奇的宝物。他们掀起毡子，清点了三遍里面的宝物，当时还有三个管文牍的人在场，他们仔细地把点过的宝物认真做了记录。

印度人做事非常周到，而且他们耐性极强，如果谁做起事来匆匆忙忙，一副不耐烦的样子，那么别人就会一言不发地看着他，嘲笑他是脾气古怪的人。阿克尔汗交给了我一颗大金刚石，这是他递到我手上的第一件宝物。这颗金刚石的外形极像一个圆形的玫瑰花朵，其中一边高出许多。它下方的侧面上有个凹槽，这个凹槽非常小，里面有个光滑的平面。这颗宝石重 280 克拉，光泽非常美丽。当年米尔吉摩拉把王位让给哥尔贡达邦君时，把这颗金刚石送给了奥连格捷布的父亲——德热汗沙赫，德热汗沙赫把它珍藏起来，不再拿出来示人了。那时这颗金刚石重 900“拉提斯”，也就是 787.25 克拉，还没有经过加工雕琢，有的地方还有细小的裂痕。如果这颗金刚石到了欧洲人手上，他们不会像东方人一样把它每个面都磨得非常光滑，而是会去掉它的一部分，使它剩下的部分比最初的它更加贵重。

“奥尔洛夫”金刚石，1784年的工艺品，
被镶在俄国沙皇的金质王笏上。

大家都知道俄国沙皇王笏上的那颗著名的钻石“奥尔洛夫”，说的就是这颗金刚石，但我们并不是要重点谈论它。

接着他们又拿出了一件宝物让我看，上面镶着17粒金刚石，其中最大的一粒达到了16拉提斯，其余的金刚石中，最大的也只有7-8拉提斯，它的一半是玫瑰花朵的样子，另一半是片状。这些金刚石的光泽都堪称完美，非常纯净美丽，在已经存在的金刚石中，它是最美的。然后，我看到了两颗形状很像梨的大珍珠，其中一颗重约70拉提斯，两面扁平，颜色非常漂亮，令人爱不释手，另外一颗珍珠，形状很像花蕾，重约50-60拉提斯，色调美极了……

塔维尔涅看到了许多珍贵的宝物，他还对蒙兀儿大帝宝座进行了描述，这才是我们最感兴趣的事。这个宝座的装饰品是大量的宝石，有108颗半卵形的、贵重的红色尖晶石，每一颗的重量都在100克拉以上，有近50颗祖母绿，每一颗的重量都有60克拉，还有数不清的金刚石。宝座上方的华盖上也有很多闪闪发光的名贵宝石。面朝室外，也就是对着侍臣的方向还悬空挂着一颗金刚石，重约90克拉，在它的周围，围绕着很多粒红宝石和祖母绿。皇帝坐在宝座上，可以直接看到这颗金刚石，也许它是起到给皇帝辟邪的作用，这颗宝石就是我们要介绍的那颗著名的金刚石“沙赫”。它的两面刻上了国王的名字，另外，它的拦腰处还有一条围绕金刚石一圈的深槽，这样更方便用贵重的丝线或者金丝把它系住。

旅行家塔维尔涅到蒙兀儿帝国游历后的75年中，这颗金刚石先是到了德热哈·纳巴德的手里，不久又到了德里，直到1739年，外来侵略者将印度打败为止。1739年，波斯的纳迭尔·沙赫从西攻入印度，打败了德里，并抢走了德里包括这颗金刚石在内的所有珍贵的宝物。这颗金刚石近百年间被两次刻字，现在又到了波斯，被第三次刻上了字："符拉底卡-卡德热尔-法特赫·阿里·沙赫-苏丹1242年。"

格里鲍耶陀夫是俄国驻波斯大使、著名的作家，著有《智慧的痛苦》（又译《聪明误》）一书，1829年1月30日，他在波斯首都德黑兰被人刺死了[①]。

这个恶性事件使俄国的社会舆论沸腾了，俄国外交界要求强烈谴责波斯。为了平息"高贵的沙皇"的怒气，波斯国王不得不派出一个以王子霍斯列夫·密尔查率领的代表团，前往圣彼得堡谢罪，这个王子将波斯王宫里最珍贵的一件宝物送给了俄国，它就是著名的金刚石"沙赫"……

这颗金刚石与其他的宝物一起放在圣彼得堡冬宫的钻石收藏室里。这颗三面刻字的金刚石被安放在一块天鹅绒上面，还有很多卫士看守着它。

1914年，第一次世界大战爆发。于是，这颗金刚石被送到了莫斯科。所有从圣彼得堡运到莫斯科的宝物箱都被安置在兵器库的秘室里，与数不清的那些装有金、银、瓷器和水晶的普通宝物箱混在一起。

1922年4月初，天气依然非常寒冷，我们裹紧厚实的大衣，走在苏维埃的莫斯科兵器库的冰冻的屋子里。我们从里面搬出了五个箱子，其中一个箱子非常重，捆得非常紧，上面还有很多巨大的火漆印。我们仔细查看后发现这个箱子是原封的，它的锁构造极其简单，即使没有钥匙，一个有经验的钳工也可以轻松地把它打开。箱子打开以后，里面装着很多俄国沙皇的宝物，外面都简单

---

①英国外交官、狂热的神父伊兰和一些波斯的大官进行政治挑衅，发生了格里鲍耶陀夫被凶杀的事件。——原书作者注

金刚石“沙赫”

的包着一层薄纸。我们的手几乎冻僵了，一颗一颗地把这些闪亮的宝石从箱子里拿出来，箱子里没有清单，也无法看出它们在装箱的时候有什么特殊的顺序。

有一个小纸包被夹在了这些宝物中间，它的里面包着一颗宝石，它就是那颗著名的金刚石“沙赫”。

最后再介绍一下这颗金刚石最近的历史：1925 年秋天，一个为外宾举行的“金刚石收藏展览会”在一间宽敞明亮的大厅里举行，会上数不清的奇珍异宝中就包括这颗金刚石。虽然这段历史已经过去很久了，但它仍然历历在目，所以我们还能想起很多关于这颗传奇金刚石的很多有趣的故事。

华丽的橱窗里所陈列的那些闪闪发光的宝石与奥连格 - 捷布的宫殿和纳迭尔 - 沙赫在德里的财富相比要辉煌得多。因为这些宝石都曾见证过好几个世纪的兴亡，目睹和经历过屈辱和流血的惨痛事件，它们看到过印度王公的统治、哥伦比亚山神庙里的财富、沙皇的富丽、豪华和穷奢极欲……

那颗珍奇而有历史价值的金刚石“沙赫”自然也在其中，它静静地躺在暗红色的天鹅绒上，炫耀着它的美丽与高贵。

这颗金刚石的面上就记载了它的历史。

第五章
神奇的石头世界

5.1 巨大的晶体

我们从漂亮的小雪花和闪亮的宝石身上就能看出，物质要形成美丽又纯净的结构需要克服那么多困难才能将妨碍它生长的力量排除。如果我们在大博物馆里看到比拳头或人头还大的晶体，会立刻向它们投去惊奇的目光，认为不会有比它们更大的晶体了。

在远古时代，巴黎近郊的一些小盐湖，渐渐地沉淀出来很多层石膏层，这些石膏层由黏土层间隔开来，现在，这里是石膏的重要开采地。人们把它一层一层开采出来，再断成大块。当时我看到一大块面积有好几百平方米的石膏板，被阳光一照，像一面大镜子，那情景真是让人叹为观止。稍稍挪动位置后，它就一下子黑暗无光了。可一旦调整好角度，使阳光从它身上折射到我们的眼里时，它就发出耀眼的光芒。这个现象的道理非常简单，因为整块石膏本身就是一块巨大的晶体。

原来在150多年前，雷奇科夫(H. РЫЧКОВ)远征队出使吉尔吉斯·凯撒茨汗国时看到了石膏晶体的这种闪光，也为此大感惊奇。

1771年夏天，俄国著名旅行家尼古拉·雷奇科夫大尉带着部队驻在奥连堡草原，他曾在旅行日记中这样写道：

我们看到远处有闪光，于是我们的视线寻找到了光源，我们不知道这些光是什么从哪里发出来的，但大家都相信那里一定有发光的石头，认为那里一定有价值连城的宝物，我们对那个发光的物体充满了各种各样的猜想。

我们赶紧催马向发光处奔去。离那里越近，闪光越强烈。到了近前，我们都大吃一惊！在我们眼前的只是一些不同大小的石膏块，并不是什么珍贵的宝石……

我们的希望落空了，我们看到的只是荒地上的一种奇怪的幻景，正午的时候，阳光照射在透明的晶体上被反射过来，这就让人们以为那是无数的宝物在那里发出的光。

长石也能生成非常大的晶体，地下的熔化物里有时可以生成足够供整个采石场开采很长时间的匀称纯净的长石晶体。有些花岗岩脉（伟晶花岗岩脉）是由水蒸气和各种气体的、温度非常高的地下熔化物生成的，它们有一个显著特征，那就是它们的内部往往会含有巨大的晶体，这种岩脉中曾产出过最大的晶体。

1911年，乌拉尔有了一个重大发现。他们发现这里的伟晶花岗岩脉里有一个可以使一辆马车很容易进出的大洞，这样的空洞叫做伟晶岩晶洞。乌拉尔人说，洞里以前有很多长约75厘米的漂亮的烟晶，还有近乎黑色的石英和呈美丽黄色的长石，在这些美丽的石英和长石中还有很多蓝色的黄玉晶体。最大的黄玉晶体重量达到30千克以上，但可惜的是，这块黄玉晶体开采的时候一不小心被镐头打碎了，成了很多个碎块。我们觉得这样的黄玉并不是漂亮、透明的宝石，它呈蓝绿色，而且也不纯净，只是天然生成的晶体，也不很透明，就它的外观而言，并不讨人喜欢。

绿柱石可能会生成非常大的晶体，它的形状是匀称的六方柱体，既美观又坚固，所以在西班牙，它的用途主要就是做门柱。产自于美国的绿柱石晶体有的重达5吨。但这些巨大的绿柱石晶体的主要用处就是可以从中提取出一种轻金属——铍，因为它们都不透明，没有作宝石的价值。但纯净的绿柱石，也就是海蓝宝石，它们有时也能生成极大的晶体。例如1910年时，巴西的南部发现了一个呈现娇嫩的蓝色达到理想透明度的海蓝宝石晶体，它的长度约为半米，重量达到100千克。后来，这个晶体被切割成了许多规则的晶体小块，再后来的三年中，这种晶体小块在海蓝宝石市场上几乎随处可见，几乎全世界所有的海蓝宝石装饰品都是用这个晶体的小块制成的。

有时候祖母绿的体积也是非常大的，提到大的祖母绿就不得不提一提苏联的一块著名的祖母绿。这块祖母绿色调非常美，重量达到2226克，它的历史非常传奇。1834年，人们在斯列夫的祖母绿矿坑里发现了它，紧接着，当时的厂长卡柯文就把它藏在了一个隐秘的地方，后来圣彼得堡派人来他的住处搜查时找到了这颗宝石，就把它运回了圣彼得堡，并把卡柯文关进了监狱，不久他选择了自杀，死在了狱中。虽然这颗宝石来到了首都圣彼得堡，但它并没有像其他珍奇异宝一样幸运地成为国家的财宝，而是被随意安置于彼罗夫斯基伯爵的书房里，后来又被科秋贝公爵收藏起来，成为他的私人收藏品。1905年，科秋贝的世袭领地上发生了动乱，后来人们在一个公园里发现了这块宝石，把它运到了维也纳。最后，这块宝石被俄国政府买了回来，这块祖母绿受了多年的折磨，经历极其复杂，现在终于可以安安稳稳地躺在莫斯科的科学院矿物博物馆里向人们展示它的美丽了。

1912年，发现于巴西的巨大的海蓝宝石晶体

在这块祖母绿的旁边，有一大块惹人注意的变石，它是全世界最大的变石，含22个晶体，重量达到5千克，这些晶体白天的时候呈现墨绿色，晚上呈现出鲜红色。

除这些有历史故事的巨型晶体以外，其他很大的石块，都是各种彩色石头或装饰用石头的单一岩。

例如：有些重达8～10吨的庞大的墨绿色软玉，仍然静静地躺在西伯利亚东部的奥诺特河里受着流水的冲洗，等待着人们把它开采出来，分割成小块，满足人们的需求，实现自身的价值。

有一块重达47吨的蔷薇辉石，呈粉红色，发现于乌拉尔中部。人们费了九牛二虎之力才把它打磨得非常光滑，用它做了一个奇异的石棺，这个石棺的重量“仅有”7吨，现在它被收藏在圣彼得堡的彼得罗巴甫洛夫斯克大教堂博物馆里。

有一个大块的孔雀石，重量达到了250吨，1836年被发现于塔吉尔河下游附近的麦德诺鲁甸斯克。为了把它从地里取出来，只能把它在地下深处打成两吨一块的“小”块，人们用这些孔雀石装饰了冬宫里著名的孔雀石大厅。

云母也经常能生成非常大的晶体。例如：一颗发现于西伯利亚的素格吉昂顿矿坑里的云母晶体，重量达到90千克。从该矿山管理局所属的矿坑里开出来的一种云母的变种——白云母，一般重量都在1～20千克重。

碧石匀净的单一岩非常大，重量在10～12吨以上。

在列宁格勒国立埃尔米塔日博物馆里，有著名的巨大的绿色孔雀石花瓶，它是从那块重达40吨的石头上雕刻出来的。把那块石头移动到圆木上就费了好大的力气，用了160匹马才把它从阿尔泰的列甫涅夫采石场运了出来，又走了很多条山路、西伯利亚大公路和通过卡马河、伏尔加河以及涅瓦河水路运输，才最终运到了圣彼得堡。

芬兰的地下有一种名叫更长环斑花岗岩的著名的红色花岗岩，它是世界上最大的单一岩。这种漂亮的岩石装饰了圣彼得堡许多漂亮的建筑物，其中就包括美丽的涅瓦河堤岸和旧日的一些大教堂，它们的砌面材料就是用这种岩石做的。

冬宫前院里的亚历山德罗夫斯克柱子原本也是一块单一岩。它最初长约 30 米，重量为 3700 吨。它现在长为 25.6 米，但即使是这样，它仍然是一块最大的石头，它的柱脚和上面的天使比地面高出 48.77 米。众所周知，圣彼得堡以撒大教堂博物馆的柱子高达 16.5 米，众嘉桑市大教堂的柱子高约 13 米。

再来看一看产自苏联的那些最大的自然铂的重量（8395 克）和自然金的重量，根据这些数据，我们就能想象到苏联的矿产有多么丰富，各种天然的晶体、金属和单一岩就数不胜数了。

5.2 石头与植物

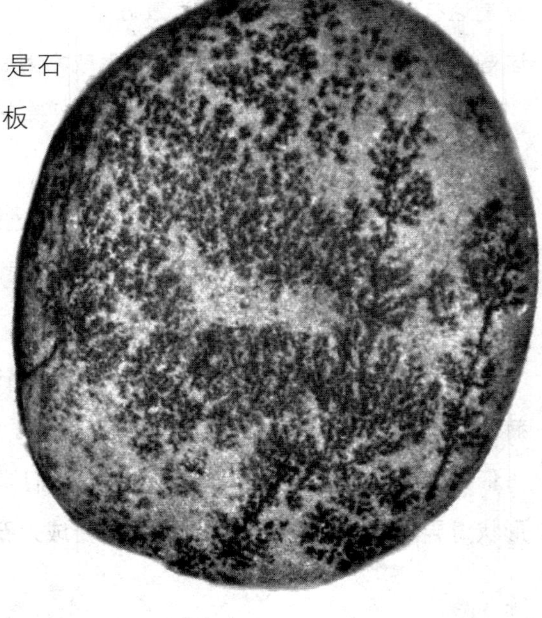

你知道照片上的是什么吗？是石化了的植物，还是青苔长在了石板上呢？

其实照片上这种看上去和树很像的生成物，根本就不是植物。

这类生成物的外观和松树枝很像，所以被称为“松林石”，

褐铁矿和锰的氧化物生成的松林石

把各种成层岩一层层劈开就能看到了，在两层中间经常能够看到一个画着黄色、红色或黑色的娇嫩细枝的精美画面。这些细枝就像同一个根或同一支叶脉生出来的一样，往往会同时显出不同深浅的色调。

矿物的这种生长现象非常特殊，只要这种物质意外地落入了含铁的溶液，就会发生这样的现象，例如：两层岩石当中极小的缝隙里，或还没有完全石化的凝胶状物质里等。有些科学家做过这样的实验：往动物胶和胶状物质里滴入了其他的溶液，运用选进的技术，在实验室里就可以培育出了这种奇异的“植物”。我们自己也可以尝试着制作，我们如果把牛奶滴在半凝结的胶质点心上，也能够看到类似的现象。

印度的“苔纹玛瑙”非常著名，上面有很多由绿色、褐色和红色的物质组成的小枝，这些小枝的形状看上去就像复杂而神奇的森林；像杂草、灌木和乔木；像海底奇形怪状的植物。我们现在清楚了这种生成物是如何形成的，在当初印度地下的液态熔岩凝固的时候，组成玛瑙的物质原本是凝胶状物质，在这些凝胶状物质上才形成了这些松林石。

古时候的人认为这种生成物是远古时期存在过的植物，甚至连一些科学家也是这样认为的，直到科学家最近做了很多精确的实验，在实验室里制作出了这些生成物，才正确地解释了这些生成物到底是如何形成的。

我们这样讲并非是说世界上根本没有树、叶、根和果实生成的真正石化的植物。

我们遇到的化石的确是远古时代存在过的植物体，而矿物质溶液会逐渐代替这些植物体所含的物质。这个变化过程很慢且有一定的次序和规则，原先的活植物体所含有的那些微小细胞的构造特征，我们用显微镜就能看出来。

很多林木都已经石化生成了玛瑙、玉髓或燧石。苏联外高加索的阿哈尔齐赫附近雪白的火山灰里有很多早已被石化了的树桩和树干。巴统公路修建时，人们把这些石化的植物体堆在山坡上，它们非常重，达到几吨，而且还有根有枝，形状奇异。今天我们也能看到由木头变成大石块的现象。

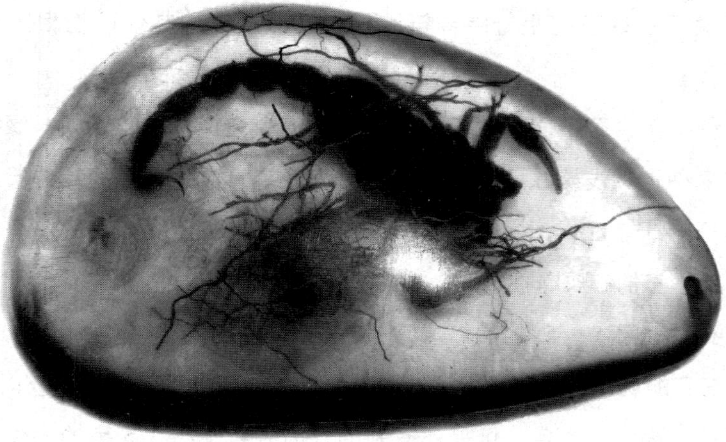

琥珀——树脂石化后的生成物，里面包着一只昆虫

基洛夫市郊的田地里有很多这样的木化石。农民耕地时会把木化石挑出来堆到一起，称它们是魔鬼的橡树，这些奇妙的大石块重达100千克，人们根本没有想到还能用这些庞然大物制造出很多裁纸刀、烟缸、小盒和小花瓶等精美而有价值的小器皿。

石头和植物总是有着密切的关系，所以，在那些生物和非生物界限不明显的地方，它们可以各自独特的生长，至今为止，还有很多石头界的谜题没有解开。

5.3 石头的色彩

如果你来到列宁格勒的埃尔米塔日博物馆或莫斯科的兵器库博物馆等大的矿物博物馆，那么你一定会为陈列在橱窗里的颜色鲜艳又多种多样的宝石感到惊奇不已。从色调的角度看，血红色的红宝石、天蓝色的青金石和石青、鲜黄色的黄玉、绿色的祖母绿或符山石与自然界中的其他矿物相比是最纯净又闪光的。

同一种石头会有不同的颜色，这一点更加令你惊奇吧。例如：绿柱石，它有很多种变种，从浅墨绿色到深蓝绿色的海蓝宝石，金黄色的绿柱石，樱桃红色的、闪亮的红绿柱石，黑绿色的祖母绿，甚至还有洁净如水的没有任何颜色的透明石头，它们都属绿柱石。

电气石最为奇特。它的晶体非常长，晶体两端的颜色是不同的。如果纵向切开它，在它的切面上，我们就能看到上面层层地分布着很多种颜色，粉红色、绿色、蓝色、褐色、黑色。可是还有别的原因导致了石头颜色的改变，有些矿物从不同的角度观看，就能看出不同的颜色，这种特质是很多宝石都具有的。

开采出的巨型木化石

透石膏

把这种多色性矿物拿在手里不断变换角度观看，就能看到它的颜色会根据角度不同而改变着，从这个角度看上去是蓝色、绿色和浅灰褐色的；从另一个角度看上去是深蓝色或粉红色等。有时候，情况比上述所讲的更为复杂，例如：黄玉，它的颜色从这个角度看是蓝色，从那个角度看就是酒黄色的了。其实并不是这块黄玉的颜色发生了改变，那只是因为它的内部颜色分布得非常特别，所以从不同角度看去时，就好像是它本身在改变颜色一样。有时候，石头里的颜色分布得非常不规则，这一点从乌拉尔产的一块紫水晶身上就能得到证明。这块紫水晶是一种紫色石头，非常美丽，但把它放到水里后，它的颜色就会聚到一处，整块紫水晶就变成像水一样没有颜色了。

有些矿物还具有在夜晚的灯光下可以改变颜色的特性。有一种罕见的宝石名叫变石，它的这种特性非常显著，一般产在超基性岩里。白天的时候，它的颜色是墨绿色，到了晚上，把它放在电灯、煤油灯光或一根燃烧着的火柴下，它的颜色就变成了暗红色，把它放在阳光下照射，它的颜色又变成了带着浅浅的蓝绿色的娇柔紫色。

对于这样的矿物，我们知道得很少，所以就有了很多有关变石的传说。列斯科夫曾经这样说过："变石在早上是绿色的，晚上就变成了红色的。"

石头的颜色如此美丽，所以古代人把这些鲜艳的宝石称为大地之花，对它们估量了很高的价值，并认为它们有种神奇的力量，可以给人带来好运。古人会在石头上刻上字画，很多人把宝石镶在戒指上，或把它们戴在手上，还有的人会用这些美丽的石头把住所装饰得更漂亮。他们认为颜色鲜艳的石头可以辟邪，甚至认定石头的颜色与人的命运息息相关。

但我们对石头的珍爱则是来源于完全不同的角度的，我们对它有那么浓厚的兴趣，是因为它有光泽，色彩也会发生变化，这使它显得更美丽，也因为它是制造各种用品和小巧玲珑的装饰品的优质原材料，还能作为建筑物的贴面材料。与此同时，我们还应思考一个问题，为什么石头会有颜色，而且它的颜色还会发生不同的变化呢？

这个问题是现代矿物学上最难解答的一个问题。由于矿物中往往会存在些含量微小的杂质，就算用非常精密的仪器也无法测出这些微小的杂质的含量，而且矿物都是有颜色的。例如：我们到目前为止还是无法确定紫水晶为何呈现紫色，金黄玉为何呈现出美丽的烟色。的确，近年来我们已经知道了个别矿物的颜色变幻的秘密，例如：红宝石显红色，祖母绿显绿色，都是由于它们的内部含有杂质金属铬，土耳其玉的颜色是由于它内部的铜，红玛瑙显示出的颜色则是由于它内部的铁。但很多关于颜色的谜到目前为止还没有被揭开。有时候，石头的颜色与它内部所含的杂质成分根本没有任何关系，支配它的只是构成石头本身的那些复杂的规律而已，这种规律就是石头内部各个原子和分子的分布规律。它们的内部构造在这种情况下就决定了石头的颜色，例如：翠榴石是一种青金石的蓝色或乌拉尔产的宝石"贵橄榄石"是黄绿色就是这样生成的。

但不要认为石头的颜色是一成不变的。其实有时候石头的颜色会像开谢的花朵会褪色那样发生变化，人们也能用人工方法使它的颜色发生改变。古印度的传说中有这样的一种说法：石头只有在出土后的短暂时期里颜色鲜艳而美丽，后来它会渐渐褪色，在太阳光的照射下这样的情况会更加严重。乌拉尔农民世世代代挖掘宝石，他们有这样一个迷信的想法，认为从坚硬的岩石里把宝石掘开出来以后，要把它放在潮湿的地方（例如地窖中）储藏一年的时间，才能使得它原有的彩色保持不变。从前，抱有这种想法的人会被人嘲笑愚蠢，可现在想想，这个方法是有道理的。宝石被阳光照射后会有褪色的，祖母绿和黄玉的颜色会变得更浅，酒黄色的硅铍石自开掘出来一个月后的时间就变得像水一样无色透明了。

有一种矿物最为神奇，我们现在只知道它的产地多在印度、加拿大和苏联科拉半岛上著名的洛沃泽罗苔原。你在现场发现它以后，用锤子把它打碎，这时，你立刻就能看到它呈现出美丽的深樱桃红色，但这样漂亮的颜色只是它最初那一瞬间的颜色，一二十秒钟之后，它身上这种美丽的颜色就会消失得干干净净，成为一块再普通不过的灰色石头了。

我们不知道这种矿物的内部到底含有什么物质，才使得它会发生这样的变化，但更奇怪的是，只要把它放在黑暗的地方几个月的时间，它还可以恢复原来美丽的颜色几秒钟。这种矿物名叫加克曼石[①]，名字的由来是为了纪念科拉苔原最初的勘查者之一加克曼。

于是，以上这些奇怪的事情引起了人们的关注，所以早在古时候，人们就开始尝试着用给石头染色等方法来改变石头的颜色。

也许是用玛瑙或不太透明的红色光玉髓做过了实验，才证明了石头有染色的可能性。光玉髓平时显示出的是褐色，且不洁净，但把它用火烧热后，它的颜色就成了美丽的红色。2000 年前，光玉髓的这种物质就被希腊人和罗

①加克曼石就是紫方钠石。——译者注

马人充分利用了，他们会把石头放在各种颜色的溶液里煮几个星期，给石头染上漂亮的颜色。现在给大家介绍一种他们煮沸玛瑙的常用方法：把玛瑙放在蜂蜜的锅里煮几个星期，再把玛瑙取出来，用清水洗净后再在硫酸里煮几个小时，就能得到缟玛瑙了。这是一种美丽又有条带的黑色宝石。近年来，这类方法应用得非常普遍，绿色、红色、蓝色和黄色的带状玛瑙都是用这样的方法制出的，石头的颜色是用很多方法加工过的，所以现在几乎没有不染色的天然石头制品了。

使烟晶改变颜色的方法与上述方法略有不同。从古时候开始，乌拉尔的农民就知道把烟晶放在面包裹里烤可以使它的颜色变成金黄色。具体方法如下：把天然的烟晶体放在面团里，把这个面团放进普通的壁炉里加热。加热的时候注意一定要使烟晶受热均匀，这样它的颜色才会逐渐改变。用同样的方法烤紫水晶，它会变成暗金黄色。

现在改变石头颜色的方法被科学家加以完善了。他们把石头用镭的射线或石英灯的特殊的紫外线照射，发现它们可以很大程度地改变石头的颜色，往往能使石头的颜色变得非常漂亮。例如：用这个方法，蓝色的蓝宝石可以变成黄色，粉红色的黄玉可以变成橙色和金黄色，娇柔的紫色紫锂辉石可以变成鲜艳的绿色。近年来，这方面的科技发展迅速，我们相信在不久的将来，我们可以轻松地使宝石改变颜色，还能使它们呈现出从没有过的美丽色彩。

5.4 液态石头与气态石头

在我们的印象中，石头都是固态的，所以题目中的“液态石头”一词看上去很不合理。但这是事实，石头有液态的和气态的之分。问题就在于用语本身，我们印象中的石头或矿物，指的是未经人的加工而在地球上自然生成的无生命的物体和化合物，包括坚硬的花岗岩、铁矿石、湖里的盐、沙粒，或者无机界的其他部分，这些物质有液态的、固态的和气态的，但不管它们是什么状态，都是石头或岩石。物理学让我们知道，其实是通过今天周围的温度来把自然界里的物体分成固态、液态和气态的，如果地球表面的温度不是现在这个样子，那么现在的自然界可能是另外一番景象。假设地球表面的温度比现在降低了20℃，那么，水就会成为冰，冰就是一种普通坚硬的岩石，到时候，恐怕只有石油和浓的盐溶液是液态的物体了。如果温度再继续降低，那么气压也会随之降低，那时二氧化碳都会变成液体状态，在地球表面流动。再假设地球表面的温度高于现在的100℃，那么我们的周围将是浓浓的水蒸气，连原本是固态的硫也会变成液态矿物。

所以说，世界上的一切事物都是相对的，因此我们可以来探讨一下，现在的自然界中，有哪些液态石头和气态石头。

主要的液态矿物有水、石油和汞。其中水是最重要的液态矿物，关于它，我们要说的有很多，所以在后面我们要开辟出单独的一节来介绍它。而石油在工业上的用途很大，所以我们对石油还是非常了解的，知道石油是用钻探的工具钻到地下，从地底开采出来的。

我们很少听说天然产的液态的汞，我们偶尔会在不同的矿床上发现点滴的汞。在苏联的博物馆里，有一些白色的石灰岩样品或黑色的炭质岩石样品，那里面就有液态金属的光亮点滴。汞是非常奇特的金属，除此之外，镓则更为奇特，它看上去是固态的金属，可是把它握在手里以后，它就熔化了，手上的温度就能使它变成光亮的液体。但自然界里并不存在这样纯净天然的镓。

可能你们很少听说气态的矿物。但氧气和氮气就是这样的气态矿物，它们就在包围我们的大气里。另外，它们还存在于水里或是坚硬的岩石里。

结晶岩的碎块或铺路的石头中都有大量气体，就体积来说，这些气体的体积是石块本身的7倍大。每1立方千米的坚硬的花岗岩里的水就有2600万立方米，有多达500万立方米氢气，此外还有1000万立方米的二氧化碳、氮气、甲烷、其他气体和挥发性物质。地壳里的气体也有很多，无论是地下深处的岩浆，还是普通坚硬的岩石，它们都含有大量气体。但是到了一定的爆发温度，这些气体就会喷薄而出，岩石顷刻之间就会被炸成小碎片。地质学家一致认为，这样的活动就是火山爆发的原因，因为火山中含有大量的喷发到地球大气里去的各种气体。早在人类还没有出现的远古时代以前，很多火山就已经熄灭了，但仍然有二氧化碳在原先的火山口和这些火山地区生成的湖泊里冒着气泡，这是曾经爆发的火山最后的尾声。

有时候火山所含的气体是二氧化碳，它在水里得到饱和，就会生成味道很好又营养丰富的矿泉，这就是碳酸矿泉。有时候，火山里的气体成了可燃性气体，成为给人类带来便利的优质燃料，这就是天然气。

海上钻井平台

美国已经把这种可燃性的气体流搜集在一起，并很好地利用它们，那里这样的出气口有2万多处。这样巨大的出气口在苏联的伏尔加河下游地区也有很多，苏联已经把这些出气口喷出来的气体作为工业上必备的优良燃料[①]。

氖、氩、氪这几种稀有气体被称为惰性气体，它们往往会以微弱气流和单个原子的形式在大气中散失。地球内部的放射性物质逐渐蜕变，经常会放出很轻的氦气，有的气体会千百万年地积聚在矿物的内部，有的则会在大气和宇宙太空中自由自在地游走，而一些较重的气体，例如：镭射气和钍射气等气体在地球上存在的时间很短，因为它们很快就会重新凝成固态物质，成为不太活动的重原子。

地下深处是人类无法到达的地方，在那里沸腾着滚烫的岩浆。岩浆里有着各种能量，包括地球诞生时就生成的大量的水和挥发性元素，这些能量是从地球形成起就开始积累出来的。由于这些能量和气体一直渗入到坚硬的地壳里，打开一条路直通到地面，再进入大气中，所以地球内部的地核在漫长的地质年代里一点一点地失去了这些能量和气体。

这些气体逸出地球内部以后，轻的原子运动得快，离开地球表面以后可以不受地球引力的作用，离开大气层，飞到遥远未知的星际空间里去。

这就是地球上流动性矿物的历史。

5.5 硬石头与软石头

是不是所有的石头都是硬的？用锤子可以打碎所有的石头吗？有没有一种石头是可以用剪刀剪断的？我们都认为所有的石头都是坚硬的，其实事实并非

①人们把伏尔加河下游地区产出的这种气体用管子输送到莫斯科，使它们成为莫斯科工厂和居民日常工作生活的燃料。——原书编者注

如此，从石灰石和石英身上就能看出来，石英非常硬，比石灰石硬得多，而你可以轻轻松松地在石灰石上留下划痕，还可以把它剪断。

其实石头的硬度差异很大。滑石是最软的石头，你用指甲就能轻松把它刮伤，我们平时用的十分细软的爽身粉就是用它制造出来的，而金刚石则是最硬的石头，它比一切其他矿物都要硬。有这样一个从古代流传至今的传说：古罗马的皇帝对金刚石的硬度非常信任，对奴隶许下这样的诺言：如果哪个奴隶可以用锤子把放在铁砧上的金刚石晶体敲碎，就让他自由。但我们现在可以再来做一次这个实验，你会发现不需要大锤子，用一把很小的锤子就能把金刚石打成很多个小碎块。

虽然这样，但金刚石还是所有矿物中最坚硬的石头，正因为如此，人们才会用它来切玻璃，用它在金属和其他石块上刻出非常细小的字，开隧道的时候，在钻头的顶端镶一颗金刚石，就能钻穿大山。

石头的硬度和韧度并非一个概念，金刚石非常硬，也非常脆，但其他的石头可能很软，韧度却很大，所以非常不容易破裂。要弄清楚这一点，可以用普通的软木塞做个小实验：我们可以轻松地用剪刀把软木塞剪断，但用锤子把它敲碎却很难做到。

但有一种石头非常坚固，这就是玉。在东方，人们认为玉是次等宝石，中国人却认为玉可以起到辟邪的作用。

人们在远古时代就发现了软玉的性质。那时候，人们经常到河岸上挑选坚固的小圆石，那时候发现了软玉。后来，人们为了寻找软玉到过很多很远的地方，人们用软玉换金子、宝石，还用它们制造斧、刀、箭等石制品。墨绿色的软玉是由阳起石这种矿物的细丝和纤维密密交织而成的。就是因为软玉里有这样交织着的物质，它才没有那么硬，但有很强的韧度和坚强度。有很多事实可以证明这一点，例如：就算你很难从软玉的石崖和碎片上打下一小块来，就算你用最好的钢锤也没用。软玉制的戒指即使掉在石头路上也不会碎，要压碎一块最好的钢块也许很难，但要压碎软玉块可能更难，要比压碎钢块多费15%的力量。

在很多工业部门的技术方面，越来越多地应用坚硬的石头，这点很正常。制作天平时，由于天平的梁只有在玛瑙制的支刃上来回摆动而不会磨损玛瑙，所以人们用玛瑙制造天平的支刃。很多仪器和罗盘里迅速转动的轴的尖端都要支在一个小孔里，这个小孔是一个在坚硬的玉髓或红宝石上挖成的磨光了的孔，加工皮革和造纸都要用碧石、花岗石之类的硬石头制成的轧辊来辗光。另外，很多特殊的快刀也是用石头制成的，还有珠磨机里砌面的石板、研磨的石球等。坚硬的石头在我们的日常生活中应用得非常广泛，在这里，我无法把坚硬石头的用途一一进行列举，这些看似普通的坚硬的石头曾是人们珍贵的玩物，现在也成为了机器里贵重的零件。

测定石头的硬度在矿物学上是非常重要的一个课题，所以我们会劝告任何一个矿物收集者，希望他们能研究一下哪一种矿物更硬的问题。

卢塞恩的冰川花园，地点在瑞士。这个巨砾重达6吨，被水流冲得转动起来，把致密的砂岩磨出了很多直径8米，深10米的“大锅”。

5.6 纤维状的石头

你相信图里的是一种特殊的石头吗？形成这种石头的细纤维非常好，这种纤维和其他纤维一样可以纺线。这种石质的纤维还有一种放在火里不会燃烧、放在水里很快就会沉底的奇特性质，这种石头叫做石棉。

并非只有你们才会觉得这种石头的性质非常奇特。远古时代的人们在山地里发现了它，于是从那时开始，就有了很多关于这种石头的奇奇怪怪的神话传说。

古罗马最伟大的一位博物学家老普林尼曾经说过这样的话："有一种在产蛇的印度沙漠里的石头能织布，那个地方几乎从不下雨，所以它习惯在炎热的环境下生活。死去的领袖举行火葬前穿的寿衣就是用它制作的。宴会上用的餐巾也是用它制作的，可以把它放在火上烧红。"

1000 多年以后，著名的旅行家马可·波罗也对石棉这种物质进行了记述："这种物质生长在火蛇体内，不怕火烧，但我找遍了几座山，也没有找到这

石棉矿石

种在火中以蛇的形状生活的火蛇。这种石化的物质来自山里，它们的内部含有许多纤维，这些纤维的样子像羊毛一样。在太阳光下把这些物质晒干，再放在铜器里把它捣碎，再用清水洗掉里面的土粒，就可以用它纺线织布了。如果想让它更白，可以把它放在火里烧一个小时，它就会变得雪白，但它的质地却没有发生改变。以后它再脏了，不必用水清洗，只要再把它放到火上烧干净就可以了。”虽然这两段话不尽可信，却能论证古代世界的有些人的确曾经用这种矿物的纤维来制造石棉制品和织品，包括给油灯制造不会烧掉的灯芯。

18世纪初，石棉被广泛应用于人们的生产生活中，在比利牛斯半岛和匈牙利，人们甚至开始把它应用于纸张和灯芯的制造中。

1785年，福克塞开始针对石板纸的性质进行一系列实验，在学术界引起了很大的轰动，很多人对这次实验寄予了很大的希望。斯德哥尔摩的科学院对福克塞进行了资助，瑞典政府授权福克塞可以在国王的作坊里做这个实验。在斯德哥尔摩一个非常盛大的场面上进行了一次这个实验，后来在柏林做了第二次。这个实验的过程如下：准备一间墙壁上遮好石板纸的小屋子，在这个小房间里堆满刨花，把这些刨花点燃，结果，墙壁上的石板纸没有燃烧，从而让木板壁得到了保护，使火势得到了控制。这就证明了石棉的确可以耐火，可以在建筑上作为防火材料。

这时意大利的毕蒙特出现了一个新生的生产部门。一连几年的时间，爱丽娜·培朋蒂都在潜心研究着石棉织品的制法，最后终于研究成功了，于是用这种矿物编织出非常细的花边。由于培朋蒂发明石棉的织法，1806年，意大利工业奖励协会特意为她颁发了荣誉奖章。后来她又制成了一种可以在上面写字的石棉纸，意大利政府顾问莫斯加蒂寄给意大利的一个总督贺年卡时，那张贺年卡就是用这种纸印的。培朋蒂的功绩是：她用里面不夹杂亚麻纤维的纯净石棉纤维制造的石棉制品非常坚固，根本无需再用火烧掉亚麻纤维。培朋蒂甚至还用石棉制成了带子、口袋、纸张、细绳和袖头。

石棉纤维在显微镜下的样子

从那以后的100多年，开始大量对石棉进行开采和加工，每年可以开采出30万吨以上，但远远满足不了工业的需求。很多时候，它都是必需品，因为它有结实、不能燃烧、不善传热，还能与多种多样的物质混在一起的特性，正是由于它有这样的特性，所以人们用它制成棉花、细纱、纸张和厚纸板的形状来使用。剧院里的大帷幕、防火的安全隔板和屋顶、防火衣、汽车的制动带和精炼纯酒的过滤器，这些都是用石棉制造的。现在在工农业方面，石棉已经成了人们最不可或缺的材料。

这就是人们学会开采和加工石棉的过程。俄国人对石棉的使用比外国人更早，在俄国，石棉被称为“石亚麻”，它在那里有一段特殊的发展过程。

1720年，在叶卡捷琳堡（现在的斯维尔德洛夫斯克）附近，当人们第一次在培什马河岸的暗绿色岩石里面发现“神奇的其他天然产的和各种古代遗留下来的东西中有石质的麻丝”，这种矿物很容易就可以用手扯成细纤维，后来在涅维扬斯克的池塘附近又发现了这种矿物，这引起了当地企业家们的关注，涅维扬斯克从那以后就根本不靠意大利石棉，而是自己用“柔软的石棉纺线、织布、做帽子、手套和口袋等，还用这些石棉造纸”。19世纪初，谢维尔金院士曾这样描述这个有趣的制造业：

他们为此要锤打成熟的石棉，为了分离锤落的粉末，还要再进行充分洗涤，这时就能得到一团柔软的细丝，这就是石亚麻。石棉能和细亚麻混在一起纺线，纺好之后或在进行编织时，要加入很多油。这样的制品煅烧后，里面的油和亚麻会被烧掉，这件织品就会变得非常柔软，也就可以对它进行洗涤、熨平。把它用脏后一烧就洁净如新了。虽然后来这种制造业停止了，但直到现在，乌拉尔还有很多西伯利亚人懂得制造这种东西的方法。

从那之后的150多年，石棉制造业的规模变了，不再是18世纪生产的旧规模了，石棉制造业在乌拉尔的多森林的苔原上成为苏联最发达的工业部门之一，现在的工人有几千人，那里还兴建了很多小市镇、俱乐部、工人住宅区、大工厂和深矿坑，还有很多从岩石里取出石棉这种贵重纤维以后剩下的废石头堆成的废石堆。随处可见喷着烟的机车，耳边响起净化工厂的电装置在呜呜的响声，火车上都是一袋袋被选出来净化了的纤维，被送往巴热诺沃车站。

乌拉尔山蕴藏着很多石棉，全世界工业使用几百年也用不完，这种石头生在乌拉尔山的一种名叫蛇纹岩的绿色岩石里，而并不像传说中生在火蛇的背上。

5.7 层状石

有一种名叫云母的矿物，用小刀可以把它们一层层分出很多薄片。但不管你劈得多薄，劈出来的薄片还能再劈成更薄的片。这种奇异的特性并不只有云母具有，滑石、石膏和其他许多种石头都有这样的特性。所以，从古代时起，人们的日常生活和工业上就开始应用矿物了。最初，云母的用途只是代替窗玻璃而已。

人们在300年以前还不会制造大玻璃片，于是白海沿岸一带（在苏联北部）就开采云母代替玻璃装在窗框上，例如：克姆斯克大教堂窗上的安装的就是云母，

伊凡雷帝时代，窗户上代替玻璃的云母（白云母）

而不是玻璃。在很长的时期内，都发挥着玻璃的作用。从前，石膏片和今天在北极地方的冰的用途一样：冬天，如果生活在北极的人们手里没有大块的玻璃，又没有质地好又透明的石膏片，就会把透明的冰片装在窗框上面。

在沙俄时代，最好的云母会大量地向西方输出，那时候俄国被西方称为莫斯科国，所以就把由俄国输出的这种云母称为莫斯科石。

玻璃制造业的兴起使情况发生了翻天覆地的变化，人们不必再用云母代替玻璃了，还发现云母在电气工业上有很多新的用途，因为电火花不易穿过云母。云母大量存在于苏联的卡累利阿、科拉半岛、西伯利亚和苔原的坚硬花岗岩里，所以人们并不缺少云母这种电气化需用的材料，开采的时候，你只要用小刀小心地把它从花岗岩上“劈开”分出来，再把劈出来的云母片进行仔细修整，就能把它们装箱运到各电工工厂了。

人们近年来学会用镍、金、铂、银等各种金属制造薄片了，这样的薄片非常薄，都是透明的，把一百万张这样的薄片叠起来只有一厘米那么厚，例如：金箔的颜色是美丽的浅黄色或绿色。最近，人们学会用热胶把极薄的云母鳞片粘在一起后用热的压机压一下，就得到了大片的云母——米坎尼特，它是人造云母。从外观上看，人造云母和天然云母没什么不同，只是不如天然云母那样耐高热。在电气工业上，人造云母是非常好的绝缘材料。

5.8 能吃的石头

石头有能吃的吗？有，那就是食盐（岩盐），硝石、苦土、芒硝等也都是能吃的石头。

有很多种盐，我们可以把它们和着食物一起吃，有的则需要把它们制成各种药剂来服用。但除此之外还有很多可吃的石头，对此，我们可以举出很多个例子，从而知道人们的确吃过各种石头或把各种矿物掺在食物里当佐料。

从中世纪时开始，就有人在为了减少纯净面粉的用量而在面粉或面包里掺过矿物质。那时候往面粉里掺的各种矿物质都是白色的，这些矿物质都是疏松的土状构造，有的是先研成粉末，这样的矿物质主要有重晶石、白垩、石膏、菱镁矿、黏土和沙子等。

很容易就可以把重晶石研成粉末，它非常便宜，重量很重，所以很多人都会把它掺进按重量出售的商品里，通常会掺在小麦粉里。例如曾有一段时间，德国出现了很多掺假的面粉，于是政府为了杜绝这种现象，曾下令禁止开采重晶石。

以前的商人为了多赚钱经常把白垩、石灰和苦土掺进牛奶和酸奶油里，把明矾、食盐、黏土、白垩和石膏掺进牛油里，把石膏、白垩和重晶石掺进干酪里，还会把赭石、重晶石和沙子之类的杂质掺进可可和巧克力糖里，把黏土、白垩、石膏、沙子、滑石和重晶石掺在蜂蜜里，把石膏、重晶石、滑石和黏土掺进糖果点心里，把石膏、白垩和重晶石掺进糖里。

由于这些矿物杂质是没有任何营养价值的，所以即使它们无损人体的健康，也还是不好的。

据史料记载，古代很多国家都发生过人吃土的事情。

虽然这种事听起来很是匪夷所思，但世界上的确有一些人很爱吃岩石，他们吃了岩石以后会感到心满意足，他们还认为其中的几种岩石是特殊美味的食物。

例如：中美洲的哥伦比亚、圭亚那和委内瑞拉的很多个民族都喜欢吃土。虽然他们并不缺粮食吃，但他们还是喜欢吃土。

非洲塞内加尔的黑人非常喜欢吃当地产的一种浅绿色的黏土，经常吃得津津有味。后来他们移居到了美洲，于是又在那里寻找这样的黏土。

吃土这个习惯在伊朗非常普遍，即使在丰收的年月里，那里的市场上出售各种食品时也会同时出售马加拉特的黏土和吉维赫的黏土等能吃的岩石。马加拉特的黏土的颜色呈白色的，摸起来很滑腻，放到嘴里后会粘舌头，深受当地居民的喜爱。

吃岩石的例子在古代的意大利发生过，当地居民普遍爱吃一种叫做“阿里克”的饭，这种饭是由是那不勒斯地区开采的柔软的泥灰石和小麦混在一起做出来的，由于把泥灰石混入了这种饭中，饭显得非常白，吃起来很软。

从前，西伯利亚鄂霍次克地区的居民经常吃一种混合了黏土的饭。拉克斯曼（Лаксмн）是18世纪末的著名旅行家，对于这种饭，他是这样描述的：这种饭是用高岭土和鹿奶混合在一起做成的。这种饭被当地居民当做珍馐，他们用它招待来自各地的“尊贵的旅行者”。

从上面的例子得知，有很多石头是能吃的，这些能吃的石头有的营养价值很大，且这些石头在松软和柔和程度方面又是非常可口美味的，能给某些食物调味。还有的石头可以做药剂。

5.9 藏在生物体内的石头

石头属于非生物界的范畴，虽然我们清楚石头的生成往往与生物的生活或死亡密切相关，我们还是要了解清楚石头跟生物本身和它在生物体内发生的各种生理作用。

这个常规也不是在所有的时候都适用的，当然也有例外，在动植物的体内，有一些具有矿物或晶体所有的一切性质的真正的、典型的石头。

用显微镜观察动植物体内的细胞时就能发现动植物体内的这类生成物，就能看到植物细胞里的晶体、合生体和球体的形状十分美丽，这类生成物中最多的是由草酸钙或碳酸钙形成的。我们可以看到马铃薯细胞里有很多蛋白质的晶体，可以看到某些藻类的体内有石膏的晶体。我们能说出很多种植物细胞内所含的矿物质，有时候，它们在植物细胞里积累的数量也是大得惊人的。

在动物体内，矿物质的生成物积累得则更多，形状也更大些，这一点在健康的动物体内和在身患疾病的动物体内情况都是一样的。有很多种非常小的结晶生成物存在于健康的动物体内，例如这种生成物存在于某些动物的眼睛的脉络膜里、坏死的骨细胞里，另外，乳腺里也有乳石，这样的情况还有很多。在盐中，主要是钙盐最难溶，这些难溶的盐在有病的动物体内生成矿物质生成物，从而在这些动物体的组织、体腔和导管的里面出现淤积的情况，这些生成物都是非常严重的结石。如果人的肾脏里或膀胱里有结石，就会感到非常疼痛。

漂亮的珊瑚礁

而要说到最奇异的情况，各种软体动物的介壳、放射虫的针和骨骼、珊瑚虫体内复杂的间壁和外部的壳才是大自然中积聚在生物体内的最神奇的“石造”物质，这是因为这些动物几乎一刻不停地在进行着硅石特别是碳酸钙的沉积作用。很多时候正是由于这些动物的这种生命活力，才形成了很多山脉和大片岩石。

我们知道了唯一一种在有一厚层珍珠质的贝类中所生成的各种沉积物中最了不起的生成物。我所指的就是珍珠。不久之前，人们对珍珠进行了仔细的观察和精密的实验，从而了解了它是在什么样的条件下形成的。众所周知，珍珠是包在各种海水和淡水的软体动物的介壳里的。凡是可以分泌珍珠质的软体动物一般情况下都能产出珍珠。珍珠质与珍珠是同一种物质。在特殊情况下生成的珍珠质就是珍珠。正常条件下，软体动物的外皮层会分泌出珍珠质，这些珍珠质会沉积在介壳的内表面上。如果壳里落进了一个寄生虫或者一小粒沙子之类的外来物质，那么珍珠质就会把这个外来物质包裹起来，以它为中心成层地生长，最终长成一粒珍珠。

人们很久以前就已经知道了珍珠的生成原因，这是由于外界的物体进入了壳内的缘故，还曾在实验室中尝试着人工制造出珍珠。这样的实验，中国人早在13世纪就已经进行了尝试。大家也许都知道18世纪时林奈所做的实验，他在贝类体内放入了各种动物。到现在为止，还有很多中国人春天会收集贝类，然后挑出一些细小的骨头、木头或金属制品放进活动物的贝壳里，几年以后就有很多珍珠质长在这些东西的外面，这时再把它取出来。

但对于这样的珍珠，日本的研究者御木本幸吉是非常不满意的，他下定决心，一定要研制出从各个方面看都很匀称的真正的珍珠。他经历过无数次失败的实验才最终取得了成功，1913年，他从贝壳里研制成功了第一颗人工培养的珍珠。御木本的事业自那时起得到了很大的发展。他建了一个属于自己的人造珍珠培养场，1938年，他这个培养场里的员工已多达500人。首先，御木本收集了很多上等的软体动物，把它们养在培养场里，并对它们随时进行观察。日本的英虞海和横须贺湾面积不大，虽然都紧临大海，但都不会受到强风和海浪的侵袭，御木本就在这两个海湾里建了很多大面积水下培养场。他把一些软体动物附着的石块放在海湾底上，还经常进行清扫，除去海湾底上对软体动物有害的其他动物，这就为这些软体动物的发育创造了良好的环境。留在这个培养场里的都是长大了的贝壳。日本有很多“海女”，她们经常潜到海湾下面，在那里停留几分钟的时间，收集幼小的贝壳，倒进铁丝笼里，再把它们沉到水里去。

日本“海女”
——是专门从事海底采集鲍鱼、牡蛎、珍珠的女性。

贝壳用这样的方法处理就不会受到它的敌人的侵害，又方便对它们进行观察，如果发现它们所处的条件不利于它们的生长，用铁丝笼就能给它们挪动位置。贝壳长大后，可以把它放进大的铁丝笼里。贝壳长到三年的时候，用御木本发明的方法来进行处理：小心剥下贝壳里软体动物的表层，使组织不会受到伤害。对于珍珠的生成来说，这个表层非常重要。然后，把一小粒珍珠质小球磨得非常匀整后，用这个表层包住，在这个表层系紧成一个“珍珠袋”。把这个珍珠袋放进一个贝壳里，几年以后，这个贝壳里也会生成一颗珍珠。用这样的方法处理培养好的贝壳，至少有一半会死掉，这个处理过程非常复杂，需要极其小心地去操作，还要有较高的技巧，但即使是这样，也不一定能成功。

把这些经过处理、有可能会生成珍珠的贝壳全部放到一个大铁丝笼里。每个铁丝笼中放 100 ～ 140 个贝壳。把这些笼中的贝壳具体数目记录下来。每 60 个铁丝笼用一只木筏吊住，再把它沉入水里。每 12 个木筏连成一排，也就是说，每排木筏下最少有 7 万个贝壳。

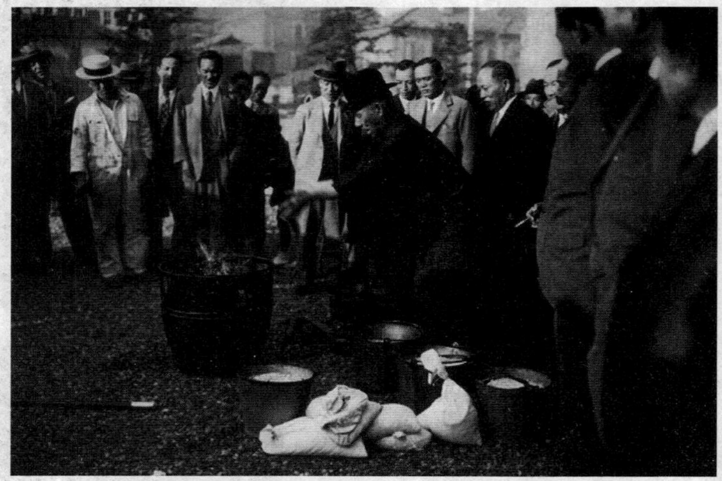

御木本幸吉，被誉为“珍珠之王”

每年最少要把沉在水里的铁丝笼从水里提上来进行两次仔细清洗。在整个过程中，要反复研究和密切关注海水的温度、海流和这些软体动物所吃的浮游动物。采用移动木筏、把铁丝笼沉入水中和提上来清洗等方法，能为贝壳创造一个良好的生长环境，也更有助于珍珠的生成。贝壳要在水中待 7 年的时间，不到 7 年是绝不能把珍珠从贝壳中取出来的。

御木本所做的实验让人们掌握了如何利用生物来培养石头。他的想法非常有趣，将来，科学家还会更加广泛地利用动物来为人类谋福利，培养了合用的细菌，我们就可以在一些大池里用盐类溶液来制造自然硫。培养某些微生物，我们就可以按需求的量从无用的含氮的废物里人工制造出大量硝石，在湖里培养硅藻，湖底就可以沉积出纯净的蛋白石，湖水会成为纯净的铝矿石溶液。现在人们开始试着用一些微生物来给田地施肥了。

这些设想都会实现的，而且就在不久的将来，充满智慧的科学家们会使微小的细菌为人类服务的。

5.10 冰与冰花

寒冷的冬天到了。早晨就能看到整个窗户上都是结了冰的奇形怪状的枝条、叶子和花朵等形状的花纹，它们在玻璃上组成了一幅美丽的图画，很多枝条垂在这些枝条的对面，上面还像是长出了很多花朵。外面下着雪，美丽的雪花铺满了大地，就像给大地盖上了一层天鹅的羽毛。一直以来，当我看到落在衣服上的雪花时，都喜欢仔细欣赏它的美丽轮廓，细细地看它这种六角小星星的尖端。河流早就冻成了冰，就连桥边向下垂着的水滴也冻成了像乳头一样的冰柱……

我为什么对冬天的景色进行大篇幅的描写呢？这与我们现在所研究的矿物学有关系吗？其实我本来是想叙述我在一个美丽的冬天早晨，对“水”这种自然界里最重要却研究得很少的矿物之一是怎样形成的基础，但我只描述出了固态的水，也就是冰在外观上会出现的几种不同的形状。

玻璃上的冰花和单个的雪花这些美丽的小晶体，都是冰这种矿物形成的。晶体生成的速度非常快，所以它们只是生成了晶骸这种东西，而并没有生成各方面都很规则的大晶体。冰川里长年不化的万年雪或河面上结成的冰都是由这样的小晶体形成的。

冰 花

我知道，固态的水这种矿物只是暂时的，是一种定期出现的矿物，很多地方很少出现冰，而有的地方，冰却永远不会化。例如：炎热的南方很少出现这种矿物，伊朗的首都德黑兰的人们用黏土筑了水池，为了使阳光无法射

雪花，冰的晶体，每个雪花的重量约为 0.1mg。

进来，还在它的周围垒起高墙。在这样的条件下，到了夜晚，池里的水偶尔会发生微冻，但也只是在表面有一层薄薄的冰，人们不能等到天亮，否则这些冰就都化了，他们在深夜里抢先把冰收集起来，运到特设的地窖里，再在上面盖上一层黏土。

这种矿物在北方或两极地区的情况却是另一个样子。冰在这些地方是“石冰”——一种非常普通的岩石，例如：我们经常在雅库茨克地区的北部和北冰洋的岛上的黏土层、沙层和冲积层里发现一层层像普通岩石一样的冰。冰在这些地区可以代替玻璃的作用，斯蒂芬逊是美国著名的极地探险家，他见过加拿大北极圈内麦德河流域的爱斯基摩人所住的小房子，他对那些房子的窗户是这样描述的：窗户上都装着漂亮的湖里的冰片。

在我们的生活和自然界中，虽然冰非常普通，但人们对它的研究还是不够的，我们经常会遇到一些很难搞清楚它们生成原因的特别的冰。在这里，我只讲其中的几种。

在北极圈里的希比内苔原勘查时，曾经看到过这样的现象。前一天晚上如果是晴朗的寒夜，那么第二天清晨一定会看到空地上有很多细小的针状冰，它们都是直立着的，就像花的茎一样，太阳光照在它们身上，闪闪发光，样子好看极了。还有很多大小不同的沙粒和砾石立在冰的尖端，它们是冰形成时被冰从地面上顶出来的。因为沙粒和砾石严实地遮住了针状冰，所以无法一下子看清楚这些冰针，离它很近的时候才能看清一整片透明的冰针。

这些针状的冰晶体长度各不相同，有的长 1~2 厘米，有的长 10 厘米，更长的达到 12 厘米。这些晶体在大石头的下方或凹陷处等风吹不到的地方更长。这些针状冰很细，直径只有 1/4 毫米或 1/2 毫米。

冰针往往都是很多根像小柱子一样合在一起，顶着一块砾石，很少有孤零零地直立着的。在比较大的石头下方，例如：一块直径为 12~15 厘米的石头，它下面的冰针晶体像给石头镶边似的密密麻麻地分布在石头边缘的，而并非一群群地合生着的。这时候，由于砾石的重量太大了，生长着的针状冰没有足够的力量把它从地面顶上来，所以只把它的一边顶了起来。

并不只有希比内才有这种冰所形成的有趣的晶体。在北方和在温带地方，几乎随处可见这样的冰。

古比雪夫省的布古尔马地区和阿穆尔，很多人都见过上述的现象。一些研究者在很高的阿尔卑斯山上也见过这种现象。瑞典有很多沼泽，有时候，那些沼泽上立着整片整片的这种细小的冰针，还有砾石和沙粒盖在冰针上面。

日本随处可见这样的冰，他们称之为“霜柱”。

这些冰针又细又小，它们是那样的微不足道，但它们合在一起就能发挥巨大的力量，能逐渐移动对它们来说个头庞大的砾石的位置。砾石被冰针的晶体直立着顶在头上，清晨，太阳出来了，冰针开始慢慢融化，它会迎着阳光稍稍弯曲，于是砾石就会落在不是被冰顶起的原来那个地方。日久天长，这些晶体会顶起土壤里比较大的粒状部分，顺着空地的黏土质表面向东方移去，所以就像是这些冰针晶体把生成过的地方的土壤进行了分类一样。

那么这些冰针的形成原因是什么呢？我们给了这个问题很多个答案，但对于这个神奇又美丽的现象，我们还是找不到一个能充分解释它的答案。

冰还有一个神奇的特点。我在一篇提及盐的短文中提到过契卡洛夫附近著名的伊列茨堡那个地方，那里有一个破旧的开采面，里面都是水，成了一个盐湖。太阳烘烤着大地，一大群病人聚在盐湖岸边，湖水里饱含了盐，是非常浓的盐溶液，它的比重很大，所以人在这个湖水里游泳不会沉到湖底。在这个湖的西面，有很多漂亮的有着奇特轮廓的结晶盐，就像是雪白的岩石一样，盐湖里翻起的水浪一波一波地冲撞在岩石上，使得岩石表面出现了很多很深的窟窿和凹陷。湖水的表面温度非常高，著名地质学家雅切夫斯基 (ЛЯчеьский) 曾对这个湖里的水进行过仔细测量，7 月里湖水的温度在白天时能达到 36℃。但湖水的深度越深，温度则越低，而且下降得非常快，深到 5 米的地方，湖水的温度已经降低到 -2℃～ -1℃，20 米深的地方则非常寒冷，即使是在夏天最炎热的时候，这个深度的湖水温度也只有 5℃。

这个湖里的湖水太有趣了，它的深处生成矿物的情况非常有趣。寒冷的冬天时，冰是从湖水深处往表面上生长的，这太奇怪了。但这还不算什么，伊列茨堡还有一个引起我们关注的现象，这个盐湖的东北方，有一座石膏山高高耸立着。这座石膏山的南边有一个陡坡，陡坡上有一排小房子，在这里居住的人就是用这种当地产的石膏质的岩石来搭冰窖的。由于这种岩石的裂缝和空隙里总会冒出强烈的冷风，所以在这些靠近石膏质岩石的地方，只要靠着它随便建造点什么，把外界与一部分石膏质岩石分隔开，就能建造出一个低温的天然冰窖。我曾经到一些冰窖里去亲自对这种冷气流进行考察研究，不由得为这种现象感到惊奇，尤其是这种现象是发生在炎热的夏天。由于这座山的北面和西面都没有“冷风”。这种现象一定与盐湖或盐的矿床有着密不可分的关系。

这种现象至今为止还是一个未解之谜，但它让我想起了乌拉尔著名的孔古尔冰洞与这里的冰窖显然有相似的现象。

以前，地下的河流从这个冰洞下面穿过，从而形成了曲折复杂的通路，这就是这个冰洞形成的原因，洞口附近许多宽敞的像一间间大厅一样的空地，景象非常奇特。其中有一间完全是由冰花这种晶体装饰成的，名叫钻石厅。要看

孔古尔冰洞

清这些晶体像前面插图中的六棱雪花的形状根本不需要把它放大多少倍，它们非常大，都是像手掌那么大的六角形。精致的细针和薄片交织而形成了这种六角形的片，就像是用贵重的金属丝织成的完美的工艺品一样。它们有的下垂着，像花环一样，有的则铺满了整个洞壁，就像一片大森林，用灯照在它们身上，或是点燃蘸过煤油的麻絮照它，它就会闪闪发亮。冰是地球上真正的结晶矿物生长出来的美丽物质，没有任何一种矿物的美丽可以和它相提并论。

在地球表面上，冰还能生成很多种形状。冬天的时候，你可以仔细观察并且研究一下窗玻璃上水汽的凝水结冻以后形成的像羽毛一样的花纹，用放大镜仔细观察雪花，夏天下冰雹的时候，仔细观察冰雹的结构形状，把它的样子画下来。如果你到高山上旅行，也要在其他的石头和矿物当中仔细考察冰和冰的生命历史。

你对自然事物的研究兴趣越浓，那么你就会越深刻、清楚地了解这个美丽多姿的自然界。

5.11 水的传奇历程

水是地球上非常重要的矿物，至于其他的特性，就没什么新鲜有趣的东西可讲了。我们对水太熟悉了，雨水、河水、湖水和海水，这些水我们看得太多了，是不是在历史上，从来没人想过水有多么重要的意义。

水之所以不被我们重视，都是因为它是最普通的天然物质。这样的观念不仅普通人是这样想的，它在科学思想发展史上也是这样的。例如：苹果只有落在善于探索的著名物理学家牛顿头上后，才刺激他去思考有关引力这种看似“普通”现象背后的实质问题。

拉瓦锡在 100 多年以前就打破了人们长久以来陈腐世俗的观点，发表了他对水和热的看法。水的本质被他提出的这种新的、完全属于“异端邪说”的思想清晰地揭露了出来。水是由两种挥发性气体组成的。

拉瓦锡曾有过这样的幻想：如果地球的温度降低，地球会成为什么样子？他对那种情况下地球的景象进行了设想，地球不再像我们现在看到的那样有流水、溪水和大量流动着的这种液体。如果地球表面的温度像木星的温度一样低，地球上的水和若干种气体就会在这样的低温下凝结成固体。这样，地球表面就是一幅全新的景象，我们还能看到富有生气的流动在冰的山岳和岩石当中的水吗？拉瓦锡用这样的设想让人们知道了水在地球的形成上和自然界的生活里的意义，于是，再也没有死气沉沉的花岗岩与流动的水这种自然界中明确的界线了。

想体会到水的重要性，只要在缺水的、没有生命的环境里才能深切地体会到。这就像人在生活中只有在缺水的时候才能知道水的可贵。

但我不想继续再讲水的意义，现在有很多书都详细地讲了这个问题，而且将来，还会有很多就这个问题写出的新书问世。现在我要给大家讲的问题是：水的源头在哪儿？水的存在遵循着什么样的规律，它的未来会是怎样的。人们早在古代理论不发达的时候就提出了这些关于水的起源和命运的问题。直到今天，还有人提这些问题，只是提法发生了改变，因为现在的这类问题都是科学家们从实验室里提出来的。有很多科学的自然之谜都是自古传到现在的，现代的科学家也没有把这些谜题解开。很多思想在科学上和在生活里一样，长期没有发生变化，历史上形成的某些观点之所以会一直保留至今，往往只是因为习惯和历史悠久而已。

地球上水的历史开始于荒漠。在那个时候：

……地球上最古时期的荒漠是什么样子呢？那时地球上只有一小部分区域被海洋所征服。地球的表面陆地面积占了一大部分，陆地上有很多火山和温泉，每个区域热的程度各有不同。太古时代的暴风雨非常可怕，会发出巨大的响声，地球上的一切都被这暴风雨震撼了。它的力量非常大，可以从荒凉的、岩石重叠的山谷把被它击碎的各种生成物冲到一望无际的辽阔的平原上……这些地方都被太阳晒得温度很高了，在这些地方，寒冷的山顶也无法把蒸汽凝结成云。

那时候还没有海，地球还是一个年轻的行星，表面上只有几处较深的凹地。不久以前才形成的石头壳里封着滚烫的物质就藏在离地表很近的地面下，这就是地球炽热的岩浆。有的岩浆会涌出地面，成为奔腾的急流，它成了破坏地面物质的新的岩石原料，还有的岩浆从地下深处喷出大量水蒸气，未来的海洋有很大一部分是源于这种水蒸气的。

巴普洛夫 (А.П.ПавЛов) 是莫斯科的一位教授，1910 年，他细致地描述过地球在遥远的过去的面貌，也就是地球出现水以前的面貌。在炽热的地球外面，有一圈温度高达 350℃以上厚实的水蒸气和各种气体包围着，所以根本无法形成大面积的海洋。后来地球的温度降低了，大气的温度也跟着降低了。于是水蒸气开始下沉，变成了热的水流，这时在温度颇高的荒漠里就聚来了一股的温度很高的水，这就是海。所以说，最初的海是由冷却了的水蒸气和气体形成的。凝固的岩浆所含的挥发性物质和从火山口里喷出来以后又冷却了的水蒸气凝结成水流入了这个海中。这些原生水是地球上最初产生的水，它们都汇入了这个新生的海洋中来。这些水就是矿泉水的源泉，很多病人都用这种矿泉水来恢复健康。谁能说出有多少这样的水是从古代起就生成了的呢？谁能知道现在地球上所有海洋里的水有多少是地球上原始大气的成分呢？最初的海洋生成以后，面积越来越大，复杂的地质作用给它的成分、它的轮廓和它的水量带来了变化。现在地球上一眼望不到边的大海就是地球过去的全部历史的见证，而如何揭开这汪洋大海的谜底也是科学家正努力攻克的难题。

科学家哈雷早在 1715 年时就在考虑为什么海水有咸味的问题，为了解释这个问题，他努力在水的过去的历史中寻找答案，事实证明，他这样做是对的。

海洋在地球表面上形成以后，在漫长的历史过程中，海水发生了巨大的化学变化。海水在地球表面不断进行循环运动，它把所有容易溶解的物质都容纳到海里，再按照比重把这些物质分级，使那些难溶的、稳定的化合物都沉到海底。海洋里的生物进行着复杂的生命活动，又将这些化合物的一部分摄取到体内，而不接触其他部分。这样一来，积聚的海洋上层的水里的各种盐类在整个地质史的进程中的数量达到了一个惊人的高度。

到今天为止，盐类的这种富集作用仍在进行着，每年被河水冲下来的可溶性物质达到千百万吨之多。威廉克拉克是美国著名地质学家，他曾经计算出每年由河里流入海洋的可溶性盐高达 27.35 亿吨。根据这个结果，焦利还想计算出它们形成现代海洋成分需要的时间是多久。由于海水里氯化钠的总量是 33000 万亿吨，而每年流入海洋的氯化钠约为 1.1 亿吨，所以用后一个数去除前一个数得出的结果就是海洋的年龄。

自地球表面上的水出现的那天开始，就一直在进行着两种循环过程，直到现在也从未停止过。海洋湖泊表面的水被太阳蒸发成水蒸气，上升到空中，这些水蒸气中还夹带着海浪溅起的飞沫和溶解在飞沫里的盐。这样由水蒸气凝成云雾的水每年有 36 万立方千米，风把这些云雾吹散到地球表面的各个地方，它们落在土壤上，滋润了土壤，它们把身上带着的细小的粒状氯化物分散开来带给植物。

这就是水自古至今所进行的外部循环过程，生物之所以能够存在，都是靠这种作用，它能使气候变得适宜，使土壤变得肥沃。

但大海中有一部分水会回到地下，这个过程非常复杂，到目前为止，还没人针对这个问题做过比较详尽的研究。

很多理论都想要将水流入地下的现象解释清楚，最早的理论解释来自古希腊哲学家柏拉图和亚里士多德，他们认为地上的水是通过当时神话里提到的地狱的深渊进入地下的，现在的理论解释则是根据分子物理学定律给出的。

从水出现在地球表面上的那天直到现在，它已经做了非常多的工作。地球表面上的水在地下经历了非常复杂的道路和一次巨大的化学任务：它使岩石和矿物受到破坏，将各种盐溶解掉，令沉积物进行再次结晶。地球表面的全部化学生活的进行场所都是在水溶液中，方法也有很多种，于是它们改变了地球的面貌和成分。太阳光照射着大气里的水蒸气，这些水蒸气与空气（主要是氮气和氧气）以及二氧化碳使地球表面的平均温度为16℃。水吸收太阳能后升到山顶上，在那里聚集在一处，从而形成巨大的破坏力的源泉。

地球上，有了最初的几滴水，才能有生物。生物在地球过去的历史上是经历了复杂的进化道路发展起来的。而生命能够出现和进化，全是水的功劳。

水对于生物体来说是至关重要的，一些水母体内中的水含量达到99%，人体内的平均水含量也有59%。

这就是水的历史，而水的现在和未来都与它的历史密切相关。

第六章

服务于人类的石头

6.1 人类与石头

人类在不断地兴建城市，建设工厂，修筑道路，挖掘隧道，做着为人们谋福利的工作，所以，对于人类的经济活动来说，沙子、砾石或石块等矿物质料乃至整个没有生命的自然界都是非常重要的。

众所周知，古代的农民耕地，翻土时用的都是简陋的木犁和铁犁。这种技术落后的耕作，每年翻起多少土壤呢？

经过计算可以得知，每年翻起来的土壤约为一个边长为 15 千米的立方体，就是 3000 多立方千米。对于这个数字的意义，我们非常了解，因为我们知道地球上所有的河流每年冲到海里去的溶解了的和混在水里的各种物质约为 2~3 立方千米。

采石场开采出的石块

每年，人类从地底下开采出多少物质呢？虽然只能计算出近似值，但我们仍然要试着把这个结果计算出来：

煤……………………………………………………………130000 万吨

铁……………………………………………………………10000 万吨

各种盐………………………………………………………3000 万吨

石灰石………………………………………………………2500 万吨

各种金属……………………………………………………1000 万吨

经过计算得出，人类每年从地底下开采出的物质约为 20 万万吨。

那么这个数到底是什么概念呢？我们可以想象一列货车后面挂着 50 节车皮，这样的货车每列的平均载货量为 1000 吨。每年人类从地下开采出来的矿石、金属、石头、煤和各种盐如果用这样的车皮装运，则需要 200 万列货车才能全部运完。

如果要计算出有史以来全人类从地下开出的石头数量，那么这个数字一定是大得惊人的。我们可看其中的一种物质开采量就够了：石油一项最近50年的开采量，可以把一个周长40千米、深5米的湖装满。且不必说全人类，单英国一个国家，它在历史上从地下开采出来和用掉的各种矿物和岩石总量，就在40立方千米以上。英国的房子的重量有些在5万吨以上，这个重量是单单塞瓦斯托波尔一个地方从地下开采出来的石灰石的重量。这些石灰石被开采出来后留下来的空地可以建造良好的干燥储藏室，可以容纳4万吨葡萄酒和香槟酒（英克尔曼储藏室）。

这些石头被开采出来后，会发生什么变化呢？

虽然石头本身非常坚硬牢固，但人类把它们开采出来以后，不会让它永远保持原样。它会被分割成小块，运送到世界各地。比如金被人类制成了硬币和各种金制品，它们在人类的应用途中受到很大的磨损，所以这种金属在全世界各个银行里的贮备量呈逐年递减的趋势，每年减少量约为800千克，这800千克的金会被磨损变成微尘。再比如煤，人类把煤放到工厂的锅炉和家庭中应用的炉子里烧掉以后，煤就永远消失不见了。铁，虽然人类会在它身上涂上油漆

溶化状态的玄武岩浆在迅速冷却时生成的柱状玄武岩

或镀上锡、锌，尽最大能力保护它，但还是无法完全防止它生锈、磨损、氧化，最终成为废品。食盐，人类的必须品，也被应用于其他化学工业。铺路的石块也会在各种磨损下变成微尘，所有的矿物都会逐渐消失，所以人类还要重新开采矿石。

人类在地下开采的有用矿物根据需求的增加而呈逐年增加的趋势。

最近的100年中，铝、铬、钼和钨这些金属的产量几乎增加到了从前的1000倍；铁、煤、锰、镍和铜的开采量和冶炼量也增加到了从前的50～60倍。人们越来越多地将自然界的物质引入自己的活动范围内。有些物质以前没什么用处，现在却变得很有价值。石灰岩和黏土在地壳里分布最广，它们也开始进入人类的经济活动中来，而人类越深入研究石头和矿物，越能从这些矿物中找到宝贵的用处。

因为有了矿物学，我们才能做这些工作，人们才能更多、更深入地对地球内部的矿产和资源进行研究了解，甚至看上去没什么用处的石头都能给人类带来福利。

因为矿产和植物不同，不会再次生长，所以随着人类对矿产的大量开采应用，地下各种矿产的埋藏量越来越少，据地质学家计算，以人类这样的开采速度，就煤铁来说，全世界的煤只够开采75年，铁只够开采60年。如果人类一味地这样向自然界掠夺，将来必定会沦落到资源匮乏的地步。所以保护自然界和天然资源势在必行，这就需要人们更完全地将各种金属和盐都提取出来，对每一种矿产加以合理利用，不让它被浪费掉。

虽然人类没有煤和铁是在几十年以后，但这应该引起现在的矿物学家、化学家、技术学家和冶金学家的关注。希望各方能相互合作，把这个可怕的时期推迟得越晚越好。

现在，我们已经从煤和铁的时代进入了黏土、石灰石、太阳能和风力的时代，在这些轻金属身上、明媚的日光上、苏联南部辽阔的沙丘上、北部丰富的黏土地层上，承载着苏联的美好未来。

6.2 碳酸钙的历史

在地球的地壳外部，碳酸钙是分布最广的矿物之一，它就是矿物学上所指的方解石。碳酸钙是一种化合物，它在土壤和泥灰岩中的含量很高，还存在于海水和河水中，一座座的高山就是由它构成的石灰岩和大理岩所形成的。人类用它来建造房屋，水泥就是它和其他的物质掺混在一起制造出来的，人们还用它来铺路。石灰岩为人类的生产、生活贡献了巨大的力量，与黏土的重要性相比，恐怕只有它可能与之相提并论了。石灰石每年的开采量约为$\frac{1}{100}$立方千米，重2500万吨，每年要把这些重要的矿物从矿山上运出都需要几乎200万节车皮，也就是4万列火车才能完成。

但石灰岩的历史非常复杂且久远，它的历史被许多科学家仔细研究过，但都没有得出一个完美的结论。

每年形成极小的微粒或渣滓，随着河水流入海洋的碳酸钙不计其数，据统计，河水在1.5万年中冲走的碳酸钙的数量是现在所有海洋里所含有的碳酸钙总量。那么这些碳酸钙到哪里去了呢？

你现在知道为什么那些生活在海洋里的动物把碳酸钙吃下去以后，这些碳酸钙会留在它们体内，并且逐渐变成它们的骨骼和介壳。

极小的珊瑚虫每年会高出1厘米，它们在几十万年里就能形成巨大的暗礁和岛屿。

珊瑚虫会摄取碳酸钙来建造自己的骨架，不止是它，在显微镜下放大了许多倍才能看见的根足虫这种微小的动物也会这样做。根足虫生活在一望无际的大洋底上，它们在那里积累着厚层的小颗粒状的白垩岩和石灰岩的白色沉积物。这些小家伙虽然微不足道，但它们却是自然界中本领最大的生物。从根本上讲，是这些卑微的小家伙们造就了莫斯科的大建筑物，巴黎或维也纳漂亮的房屋，阿尔卑斯山的尖顶，克里木的山峰，伏尔加河岸边美丽的日古利山，还有珠穆朗玛峰这世界最高峰。

纽约用石头、砖和水泥筑成的建筑群（1932 年）

海洋动物的骨骼和介壳等最终会慢慢沉入海洋之底。这些颗粒没有定型，它们的身上还夹杂着生物的残体和死掉的生物体腐烂后的生成物，于是它们就在那里生成了大量淤泥状物质。沉积变质作用这种特殊的化学变化和物理变化正悄悄地发生在这大洋之底，这些半液态的淤泥状物质最终形成了岩石，石灰岩、泥灰岩和其他的石灰质岩石也渐渐地在海底沉积。

到此为止，就是碳酸钙历史的第二部分——石灰岩是如何产生的。接着是第三个部分，海底越来越高，各海面靠近，海水流走以后，曾经的海洋变成了高大的山脉，这是因为海底的石灰岩层不断增高以至高过了海面，成为了这个山脉的峰顶。有些岩层在升高的过程发生了曲折，所以这个部位会升得更高，其他的部位却下沉了……正是大自然的这种神奇力量造就了美丽的克里木南部的岩岸和高加索断层。

这就是碳酸钙历史的第三个部分，这个部分很短，很快到了第四部分。雨水和冻冰，溪水和河水将碳酸钙溶解了，这又为人们呈现出各种值得惊奇的现象。

有的是汹涌的河流切开了石灰岩质的山脉，从而形成了两旁高几百米的狭窄峡谷。下面是汹涌的河流，上面是狭窄的悬崖，沿着悬崖上的河岩盘绕着一条羊肠小道，让在此经过的游客一尝冒险的刺激。

石灰岩质的旷野被侵蚀后，上面出现了一个巨大的漏斗状洼地，漏斗的管子直通地下。地面水的侵蚀作用在这样的地方可以深入到地下几百米，这就把亚德里亚海和克里木的喀斯特地区造就成了一个天然的复杂迷宫。在这样的地下深处，石灰岩被水一滴滴地溶解着，这个美丽的像神话一样的山洞中就出现了碳酸钙沉积物的神奇的图案和富丽堂皇的建筑……

从碳酸钙的这几部分历史中可以看出它始终是漂泊流动着的，矿物学上把它的这种漂泊流动称为迁移。

有些地方，碳酸钙被水溶解后，就跟随着水流来到另一些地方，水中的碳酸钙又沉积了出来。水把山洞里巨大的钟乳石柱中的碳酸钙带到湖泊里，又使它们变成了动植物身上的石灰质外壳。山洞里细小的管子被水流带到地面上的泉水里，成了包住植物和水藻的灰华。碳酸钙溶解后，一部分跑到河里，直接随河水一起流入海洋，而另一部分是会经过一段复杂历程再流到海洋里去。这样，在碳酸钙的历史上，它又作了一次螺旋式的循环。这次循环受到了人的严重干涉，人类在这个循环圈过程中把碳酸钙开采了出来，用它们修建房子、桥梁。虽然人的这种活动看上去用掉了很多碳酸钙，但是人类使用的速度比起极小的根足虫的活动来说简直就是微不足道的。根足虫虽然微小，但它们用自己的生命力筑成了整座整座的大山，纽约的摩天大楼虽然壮观，但与这些山峰相比就显得黯然失色了，无论是人类用200多万块石灰石垒成的埃及齐阿普斯王的金字塔，还是用雪白的大理石筑成的精巧细致的米兰大教堂，这些都是人的技术可以修建的最大规模的建筑物，但它们在这些山峰面前，显得多么渺小。

6.3 开采大理石

说起大理石的用处，或许你会认为它只能用作公园或博物馆里雕像的材料，认为它只是漂亮房子的建筑材料。事实并非如此，大理石的用处非常多，我们在博物馆里欣赏的那些堪称完美的意大利和希腊的工艺品只是大理石的一小部分应用而已。

我们在很多地方都能看到大理石。医院的手术室里的桌子和墙壁，按要求一定要非常干净，所以材料必须选用大理石板。发电站为了在配电盘上安装操纵电机的各种装置，所以配电盘一定要选用大理石为材料，由于大理石不导电，还要用大块的大理石板来装饰墙壁。医院和疗养院里的澡盆和脸盆要求非常干净，所以要用大理石来砌造。皮革工厂里轧制最细的皮革要用巨大的大理石辊。地下铁道、戏院、俱乐部和公共建筑物的柱子和栏杆要用大理石建造，由于大理由非常坚固，且易清洗，不怕水，不怕冻，也不怕踩踏，所以它是最好的贴面材料，还能用来造台阶和窗台，如莫斯科邮政总局和莫斯科市苏维埃旅馆。这种非常漂亮的建筑物要单用大理石或用大理石颗粒和水泥的混合物来作砌面材料。除此之外，大理石的用处还有很多，我在这里根本无法把它在生产、生活中的用途一一说明。

大理石非常坚硬，但它又柔软，铁器就能容易地把它锯开。有的大理石非常洁白，有的则有些透明，就像人的皮肤一样细嫩，有的色彩斑斓，有黄的、粉红的、绿色、黑色的，颜色好看极了。所有大理石质地都相同，非常纯净均一，它们不导电，不容易被水和空气破坏，是不可或缺的好材料，它的价值极高，人们在几千年前就已经知道了。

米兰教堂从地面到层顶都密布着细致的大理石柱子和大理石雕成的装饰物，如果你曾经走在这个教堂的顶上；如果你曾经欣赏过古希腊人用雪白的大理石造的庙宇；如果你曾经踩着大理石台阶进入莫斯科的地下铁道；那你就会从心

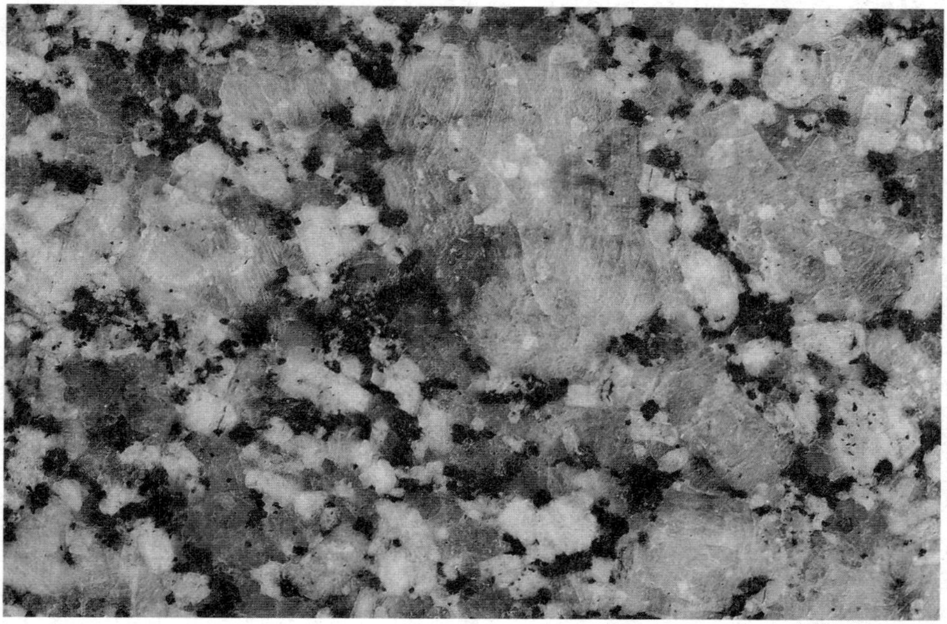

美丽的大理石花纹

底里赞叹这种石头的完美。大发电站里的大理石非常漂亮，都是磨光了的面积为几平方米的大石板，在这个大石板上，安装着能操纵几百马力电能的各种仪表、开关，你就会更加为它赞叹称奇了。

意大利是开采大理石并向全世界供应这种石头的国家中量最多的一个国家。意大利的地中海沿岸，著名的喀拉拉附近的白色大理石的开采场多达1000多个。白色的大理石在高山上和峡谷里看上去与亚浦尼亚的阿尔卑斯山上的积雪连在了一起，几乎无法区分。开采出几吨重的大理石块后，就把它放在滚轴上，再把它套在牛车后面往外拉，拉的同时还要用链子在后面坠上几块同样的石块，这样能够有效防止石块滑下去把人和几十头牛压伤，后面的石块在山坡上缓缓前进着，这就使滚轴前进的速度大大降低了。

每年用这种方法拉下来的大理石约有60万吨。它们被拉到山谷下面后用火车运走，运到加工场后还要用水力机把它们切割，要把这些大理石块儿锯成石板，需要好几个月的时间。接着再用火车把大理石板运到地中海沿岸，到了那里，它们又被巨大的起重机吊起来送到远洋轮船的货舱中。意大利每年出口的大理石的总体积非常大，相当于一个边长60米的立方体，它每一条边的长度约为两根电线杆之间的距离。

苏联境内的大理石埋藏量也非常丰富，主要产自累利阿、莫斯科附近地区、克里木、高加索、乌拉尔、阿尔泰和萨彦岭等地。近年来，苏联地质学家又找到了很多埋藏量丰富的大理石矿床，这一点在此就不一一说明了。

苏联从此有了属于自己的大理石场，再也不需要从喀拉拉产地购进大理石了。苏联出产的杂色大理石装饰着苏联的地铁、很多新的建筑物和高耸入云的莫斯科大学的漂亮建筑物，别提有多好看了。

比较一下以撒大教堂博物馆的旧的大理石贴面或列宁格勒大理石宫的柱子上各部分大理石的雕刻，就可以看出大理石也在发生变化，而且改变得非常厉害，棱角越来越不明显，装饰物也变得比最初小了。这是为什么呢？因为空气中有许多种会伤害大理石的物质，雨水也会严重地破坏大理石。

意大利米兰大教堂

大理石被雨水溶解的程度是100年约被侵蚀1毫米，那么1000年里就是1厘米。在靠近海的区域，海水对大理石的破坏作用更加严重，因为风会把海水的飞沫一直吹到远离岸边几千米的远处，海水是咸的，含有大量的盐，所以它对大理石会产生巨大的侵蚀作用。和雨对大理石的破坏作用相比，雪的作用则更大，因为雪在下落的过程中会吸收到空气里有害的酸，这些酸对大理石伤害很大。而且大理石还会受到它自身缝隙里凝固的水，植物和真菌的细根的破坏作用，柔软的大理石表面会受到夹带着尘埃和沙粒的风的磨损。我之所以要为你们讲解大理石的优点和缺点，就是想让你们知道一个道理，自然界根本不存在永恒不变的东西。矿物经过千百万年的地质时代练就，极小的沙粒能够积累成山峰，而与此同时，自然界又在将坚硬而不可动摇的岩石破坏和削平。这就是自然规律，所以说人的活动和人的创造的永恒性在自然界复杂的地质史上非常有限，一瞬间就会消失。

当你看到列宁格勒的大理石宫或以撒大教堂博物馆里卡列里产的漂亮的灰色大理石贴面，看到莫斯科造型艺术的普希金博物馆用乌拉尔南部产的白色大理石建成的漂亮柱子，心中可要牢记这条自然规律。

6.4 黏土和砖

砖的历史非常漫长，在这里我要详细地进行讲解。我想，你们一定想不到砖的历史会是有那么复杂有趣。

大量花岗岩浆在地下呈熔化状态拼命沸腾着。岩浆充斥着大量的水蒸气和其他各种气体，它在地下喧腾着，试图打开一条通往地球表面的道路。液态花岗岩浆黏稠得像面团一样，它进入地壳后就像一个面包一样逐渐凝成了巨大的花岗岩体和花岗岩脉。仔细观察杂色的花岗岩，在它的图案里就能找到粉红色或白色的晶体，在这些晶体外面还包围着片状的黑色云母和半透明的灰色石英。

这些白的、黑的、浅黄色或粉红色的矿物都是长石，而黏土的主要来源就是长石。

花岗岩被地表面的水反复冲洗着，河水一点点侵入了花岗岩体，又经过了风吹雨打和太阳暴晒，把花岗岩折磨成了奇异的模样。这也使得花岗岩发生了变化，原本显示金黄色的黑色的云母片却显示出了“猫儿金”，灰色的石英被浸蚀成了颗粒，滚圆了以后成为石英沙。与云母和石英发生的变化相比，长石的变化则更大，它彻底被水和太阳破坏了，空气中的二氧化碳夺走了长石中所含的一部分物质，水又将另一部分夺走了，这使长石被侵蚀成了细粉。长石晶体还有剩余的没有起变化的一部分，它们积聚在一起，形成了颜色发黑的松碎的淤泥。这种破坏作用被沙漠的炎热气候加速了，风把长石微粒像滚雪球一样吹到风力能够达到的地方。淤泥在沼泽中含铁的黑色的水的帮助下很快生成，所以在炎热的热带森林地区，这种淤泥状的黏土颗粒就都沉积在沼泽低地的底上。当然黏土的生成并非只有这一个因素，也有可能是由于其他有力的因素生成的。正处在被破坏过程中的长石被来自北方的大冰块磨成了细小的粉末，这些粉末形成了冰川游移质，冰川把它们带到远方，其中的黏土则堆积在沿途，于是就形成了几千千米长的冰川沉积的痕迹。

这种黏土遍布整个俄罗斯的北部，冰川从遥远的北方向南移动时带来很多巨大的砾石，这些砾石就散布在这片黏土地带里，有时候，黏土地带的边缘上还有很多花岗岩破坏以后的生成物——石英砂。

这种经过长期漂泊的黏土制成了砖。人们把黏土收集起来，将里面混杂着的砾石和沙粒加水后调匀，做成砖，让它在空气中自然风干，再放到火上烧，黏土就这样慢慢失去水分从而使形状改变，成为另一种矿物。科学家把这种用火烧过的黏土磨成薄片，用高倍显微镜来观察时，发现这种物质中含有他非常熟悉的、在压力非常大的深部地层里曾经见过的针形矿物。

这是长石晶体的一种复活形式，人们用这些砖建造房屋时，绝对不会想到他们其实正在用从前地下熔化物的残余盖房子呢，他们还认为黏合砖块的物质就是简单的石灰浆，其实那是在几亿年前早已在海洋中消失了的动物的残体。

从陶瓷用品身上我们可以知道什么？瓷的历史非常有趣，因为用来制造瓷器的高岭土（纯净的黏土）走过非常复杂的路，它的路开始于混杂着地下深处的炽热熔化物的液态岩浆，经过炽热的水蒸气和有毒气体的喷出，最后成为浅水湖底上的沉积物。你们知道吗？虽然现在人们用黏土来造砖、造陶制的管子、瓷盘或普通的瓦盆，可这并不是它的历史的尾声。近年来，黏土和与之相似的物质让我们知道了一条新奇的途径。人们可以用它们提炼非常轻的轻金属铝，以前被称为“轻银”，并用它来制造飞机的机身和汽车车身，制造发电站用的导线，还能用它制造出漂亮的锅、碗、匙等生活用品，这种金属以前价格昂贵，人们只把它应用于贵重物品的制造。现在很多瀑布附近都有这样的大厂，每年能产出 1000 万吨这样的轻金属。在 50 多年前，恐怕包括经验丰富的、能力极强的地质学家在内的所有人都不会想到今天可以从普通的黏土里得到制造飞机的原料吧。

有一点我们要知道，苏联是产出黏土最多的国家。在苏联的北部，有一整片的冰川沉积下来的黏土，乌克兰有高岭土，像雪一样洁白，顿巴斯有耐火的黏土，就像脂肪那样滑腻。人们长期以来对这些资源了解甚少，不懂得如何对它们加以利用。美国一位著名地质学家曾经这样说过，“一个国家的人均黏土使用量，是一个国家的文明程度的标志。”这句话让人们知道了这样一个道理：一个国家每人每年的肥皂使用量是这个国家文明程度的主要标志。俄罗斯人之所以很少去研究和勘查它，是因为在俄罗斯黏土长期以来没有得到科学界和矿业界的足够重视。

巴拉斯 (Паллас) 院士是一位著名的旅行家，1769 年，他论述了黏土的利用问题，他对俄罗斯乡村和偏僻地方生活的凄凉情景进行了细致的描写，他也非常奇怪为什么人们不知道利用黏土和石头来改建那些木料堆成的城市，这样可以避免房屋发生毁灭性火灾。他说：

虽然卡西莫夫有很多适用于建筑的石头，但都没有被人们拿来用，因为按俄罗斯的习惯，全城的建筑都是用木材搭成的，他们有大量的石头，却连铺路用的都是圆木和木板，这让外乡人感到非常奇怪。至于某些教堂和官房的建筑材料则是质量差的砖块砌造的，因为在烧砖的时候并没有考虑黏土的质量，而是随意什么样的黏土都用了。

然而现在，已经有很多工厂建在了沃尔霍夫河岸上、第聂伯河岸上和乌拉尔，人们也懂得从混有铝土矿的黏土里将铝提取出来了。

苏联这个资源最多，但利用最少的国家，从此走上了它的远大前程了。

6.5 铁

你可以想象一下，如果地球表面上所有的铁全都消失了，不管在地球的任何一个地方都找不到铁，人类的生活将会变成什么样？那样的情景你们一定能想象得出来，因为那时候就没有铁床了，所有家具也都散开了，钉子都消失了，这时天花板一定会塌下来，屋顶没有了。

户外的景象更加可怕，大街上的车皮、机车、汽车、马车或栅栏都几乎消失了。路面上的石头全都成了破碎的黏土，由于失去了金属，连植物也开始凋萎和死去。

整个地球表面就像被狂风席卷了一样，接着到来的甚至就是人类的灭亡。

当然人是不可能活到那个时候的，因为人如果失去体内和血液里的 3 克铁，就会有生命危险。3 克铁只占人的体重的二万分之一，虽然这个比重很小，但人没有了它，就会面临死亡，所以根本不可能看得到前面的情况就已经一命呜呼了。

我们生活在铁的世界，我们每年要消耗 1 亿吨左右的铁。1914 ～ 1918 年第一次世界大战的其中几个月里，各种炮发射出去的铁远远多于许多铁矿所含的铁。那次大战期间，单单德国军队每年发射的铁量就有1000万吨之多。这个数量，比俄国在战前的铸铁年产量多1.5倍。凡尔登附近在战争中受到了几个月的轰炸，那里的铁达到了300万～500万吨。各国为争抢矿石的产地，甚至不惜为此发动战争。

人想尽一切方法留住铁，但这简直太难了。人们把一层薄薄的锌或锡包在铁的表面上，使铁成为白铁或马口铁，为了不使它的表面氧化，在铁的表面上涂上油漆或假漆，镀上镍或铬，涂上油脂或煤油，可以用的方法都用尽了，为的就是使铁能在人们手中保留的时间更长一些，但铁仍在不断地生锈，这些锈被水冲洗掉以后，又回到了地球表面的各个地方。

世界对铁的需求非常大，“有更多的铁”成了人们的渴望，或许有一天，我在前面描述的可怕情况会来临，铁消失了，再也没有铁了。

不要认为我这个幻想可笑，你们知道吗？古希腊人早在2000年前就想到了没有铁的可怕情景。希腊哲学家说过这样的话，如果地球上的铁都被开采完了，世界上再也没有铁了，那时候人类的生活会变成什么样呢？

没有铁的可怕后果，后来古罗马人也想到了，果戈理在他的作品中是这样描述这种可怕的情况的：

铁的罗马无比的威武，它屹立在那里，它长枪如林，向四处放射着它嫉妒的目光，伸着它壮健的胳膊……这让我了解了人生的意义。对人来说，最卑微的就是默默无闻了。你生而为人，就要追求荣耀，人啊，你的耳朵已被铁声震聋了，在这种空前的狂欢里，请握紧古罗马装甲军团所向无敌的盾牌勇猛向前冲吧，你会以霸王的姿态征服全世界甚至天空。

这些想象在当时也只是古代哲学家的恐惧的幻想。但进入19世纪后，这个世纪是铁的世纪。人们为了争夺铁而互相争斗，地球上庞大的铁矿即将被人们开采完，铁的价格越来越昂贵，这就是一个可怕的预警。

美国首次发出警报的是已故的罗斯福总统，他曾在华盛顿的白宫和钢筋水泥建筑的摩天大楼里与煤铁大王、铁路大王和靠铁发财的大亨之间就此问题发生过热烈的辩论。

国际地质会议开幕，全世界最著名的地质学家对铁的储藏量进行了计算。那么他们计算出了一个什么样的结果呢？

人们不断地开采铁矿，开采量也越来越大，以至于铁的储藏量只够人类再开采 60 年的时间。也就是说，60 年后，我对铁荒的幻想就要变成现实了吗，公元 2000 年时，人们真的没有铁用了吗？

读者朋友不必太担忧，实际情况没有这么可怕：我们每年都能发现新的铁矿，技术也越来越先进完善，人们会很快找到冶炼劣质铁矿石的方法。如果有一天富矿枯竭了，还有贫矿和其他的劣质矿可供开采。铁的价格一路攀升，假如有一天它的价格上涨到和银的价格一样时，那么每一块花岗石都能用来炼铁了。

当然了，我对大家的这番安慰非常有限，因为我刚才只提到了铁的价格有可能涨到和银一样，但是人类仍然要面对缺铁的威胁。

有什么好办法吗？当然有。第一次世界大战期间，我们学会了一个办法，当时这个办法在德国被普遍使用，德国人甚至还专门为它起了“艾尔沙茨”这个名字[①]，它的意思是代用品。假如哪天失去了一种东西，就要找其他合适的东西来代替它。所以说，我们必须给铁寻找代用品。对于铁这种金属，我们现在绝不能浪费，要想方设法节省它，还要在发展黑色冶金业的同时，学习应该如何把农业和工业的基础改建在分布更广的其他新物质和新金属上面。

代替质量很重的铁的金属就是质量很轻的铝以及铝的合金。我们现在建筑房屋时，只搭钢筋这种很细的骨架，还要在它的外面包很多水泥。也不再用木材和密实的铁架桥、造拱门和立杆子，而是用钢筋混凝土代替它们。甚至还开始用钢筋混凝土来造一些小吨位的船了。

---

① “艾尔沙茨”是德文 Ersatz 的音译。——译者注

赤铁矿晶体

铁的世纪很快就过去了，我们的下一代会使用铝、锂、铍这三种金属，它们是地球上最轻的金属，还会使用钙和镁，这两种金属是自然界里分布最广的物质。

其他金属将掌握我们的未来，铁这种金属则成了为人类的发展立过功，也已经顺利完成历史使命的老材料，享受着它该得的荣誉。

但这个未来时代离我们还很远，所以矿物学家要学会保护铁的方法，要大力寻找它的矿床，还要尽可能寻找更多的可以代替它的物质。

在现代，冶金、机器制造、交通运输、船舶制造和桥梁建筑的基础就是铁，它是工业的中枢神经。

6.6 金

在人类历史上，金起过巨大的作用，很难找出另外一种金属可以与它的作用相提并论。在各个时代，人们都想得到黄金，哪怕为了得到黄金要犯罪、使用暴力和引起战争都在所不惜。金最早是被原始人从河沙里淘洗出来的，后来人们又用金制成装饰品，一直到现在为止，人们都在想方设法要把这种天然资源据为己有。但散布在自然界里的那些金和人类的要求和愿望相比，这部分金实在是微不足道的。19 世纪中期以前，人类开采到的黄金量一共只有 230 吨左右，这个开采量是非常少的。最近的 200 年里，人类所拥有的金只增加了 250 亿～ 300 亿卢布，重量约为 1.7 万吨。在第一次世界大战以前，银行周转的金只有 90 亿～ 100 亿卢布，而金币、金条和黄金储备一共也不到 200 亿卢布。我们不要认为这个数量非常大，因为 1914 ～ 1918 年的第一次世界大战让我们看到了一个完全不同的规模，据文献上说，那时候帝俄一个国家的军事开支就在 550 亿卢布以上，这就远远高于上面的数字。

目前人们正在越来越快地进行寻找金和金的矿床的工作，世界各地有不下 150 万采金工作人员，但每年开采到的金只有 1000 吨左右。这是自然界的宝物，大自然非常小心地收藏着它们，不会轻易把它拿出来献给人类。著名的博物学家布丰说得好，他说金这种金属到处都有，金存在于自然界的很多地方，在海水中，金的总含量为 1 万吨，价值为 100 亿卢布，也就是说，每一立方米的海水里有 1/100 毫克的金。每一块碎花岗石里都有金。在地壳里，金的平均含量是 0.00001%，那么地壳是从地面到 1000 米的深处，这么深的地壳中，金的总含量应该在 50 亿吨以上。

在开采黄金的全部历史中，人们只采到了总含量的三十万分之一的金，所以说，人类对金的开采是微不足道的，自然界不让人轻易得到金，还要把人们辛苦找到的金逐渐夺走。金的分散能力非常强，它会变成直径只有光波那样长的微小颗粒，它就这样以微尘的状态被河水几千克几千克地冲走，或者逐渐散失在熔炼金的实验室的地板、墙壁和家具里。在银行交易中，金每年平均都在以金币重量的 0.01%～0.1%的量在消失着。

金能轧成非常薄的箔，金箔是绿色的非常薄的薄片，5 万张甚至 10 万张金箔叠在一起的高度才只有 1 毫米厚。19 世纪 70 年代时，著名的奥地利地质学家修斯就从金的这种神奇的特性和它易分散的特性看到了有可能出现的金荒，并认为应该谨慎认真地解决作为世界经济基础的黄金流通问题。我们目前的确还没有感到金的枯竭的现象出现，所以修斯的担心有些早了，但他的担心不无道理。开采金的时候，开采枯竭一批矿床后，就再开采另一批矿床，人们也在逐步改进着采金的方法，人们到目前为止一直都在用毫无计划的开采天然资源的办法来补偿损失掉的黄金。例如：1719 年发现的巴西的金矿床代替了 16 世纪初在中美洲发现的金矿床，接着是加利福尼亚（1848 年）、澳大利亚南部（1853 年）、南非（维特瓦特尔斯兰，1885 年）和阿拉斯加（克朗戴克，1895 年）[①]，还有西伯利亚的勒拿河、阿尔丹河和科雷马河附近的金矿。

但金不会都是在地球上到处分散，它们有时候相继发现了金矿还会相聚在一起，形成一大块自然金，这是它们互相作用的结果。例如：1869 年在澳大利亚发现了一个重达 100 千克的自然金块。三年后，又在那里发现了一个约重 250 千克的大金块。

相比之下，俄国产的自然金块非常小，1837 年，人们在乌拉尔南部发现的一块最著名的自然金只有 3 千克左右重。这样的情况经常出现，一个地方虽然面积不大，但那里却积聚着非常多贵重金属。例如：美洲在北极圈里的那一部分——著名的克朗戴克，在 200 平方米的面积上就发现了价值 100 万卢布的金。

---

①最初为俄国领土，1867 年被沙皇政府卖给了美国，价格为 1500 万卢布，在那里，美国开采到了价值 5 亿卢布的黄金。

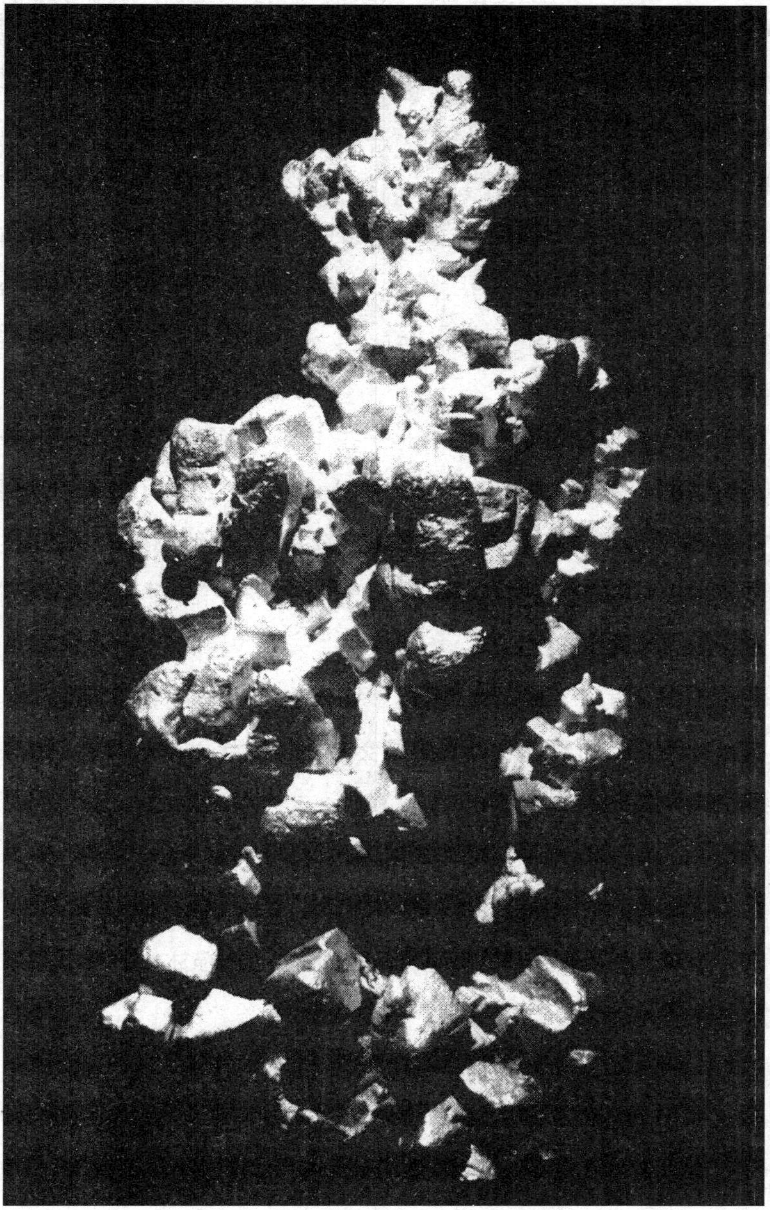

最重的自然金矿

全世界在黄金的产量上，俄国的地位如何呢？德洛菲·马尔科夫（ДорофейМарковъ）1745年发现了乌拉尔的第一个可靠的金矿床，当时他正为三位一体圣像的桂冠寻找水晶。俄国的矿业从那时起开始逐渐发展和发达起来。接着，人们不断发现新的矿床。后来又成立了专门的矿业管理局，还将每年和每十年的黄金开采数字发表出来。

但你不要认为这些数字就是俄国真正的黄金的开采量。有一部分金流到了中国，又被外国商人买走，还有一部分金被采金工人夹带出来卖给了私商，这些黄金都被沙俄的官方统计漏掉了，所以可以这么说，旧俄时代的全部黄金开采量绝对达到4000吨以上。

列斯科夫、马明-西比利亚克和其他一些作家形象地描述过当时的“黄金狂”，那时候，人们的未来就像赌博一样，一部分人可能突然成了富翁，而另一部分人可能突然破产，当时在乌拉尔或西伯利亚的金矿上，到处都有神话般的财富、自然金和闪亮的金巢等有关的传说，还有许多说也说不完的有关犯罪、狂饮烂醉、空前的运气和难忘的痛苦等故事。

沙俄时代偶然发现了黄金的人都会兴奋地纵情狂饮，把酒瓶摆满他村子里的整条街道的路边，如果发现黄金的是女人，她们就会一下子买三四条绸裙，把几条裙子都穿在身上……

除了黄金没有任何一种金属可以使人这样的热爱，能对它燃起这样炽烈的渴求，为了寻找“金子”，愿意冒最大的风险，忍受最大的痛苦。

地质学家雅切夫斯基（Л.А.Ячевский）曾经这样描述过关于从前在西伯利亚探寻黄金的情况：

冬天，苔原上积满了厚厚的雪，足有一俄丈甚至二俄丈厚，寻金者带着巨大的热情在通古斯人、索依奥特人或鄂伦春人的引领下从丛林和枯树中穿过，这里即使马和鹿也会经常失蹄，他们就在这样的冰雪地上开路前进。夏天时，他们经常陷在泥泞地里，受着成群的蚊虫的叮咬，他们疲惫地向前行进着，常

采金者用盆冲洗金砂，这是最原始的采金法

常会来到一些平时白种人从没到过的边远地区……

他们终于找到了丰富的黄金，接下来就要动手开采。他们的身上都带着工具和用品，从陡峭的山岭翻过去，跨过到处都是瀑布和浅滩的河流，在苔原上排着长队，就是为了要在这西伯利亚短暂的夏天挖出更多的金子。一小群人聚集在金矿上卖力地工作起来，他们使劲挥着斧头，砍断了古老的落叶松和雪松，山地里有很多被沟渠所截断的小溪，水流非常急，采金者利用水流的力量使水轮转动起来，淘洗的设备把土壤散成碎块，接着就有闪亮的黄色颗粒从里面分离了出来。

这个苔原一向极难到达，荒凉僻静，但随着金矿的开采，采金者们开始在这里建立村落，如果那个矿床的资源和规模有很大的发展前途，那么这个矿床就会立刻成为一个完整的金矿中心。有许多道路可以到达这个中心，道路两旁还修筑了很特别的、非常简陋的驿站，这是采金者们过冬的处所，于是，本来孤立的金矿中心就和居民点连接在一起了，原本阴沉荒凉的苔原不再难以到达。后来，越来越多的人勇敢地来到这里，苔原就成了人的力量可以支配的场所，这样一来，西伯利亚各水陆交通干线有很多条通往各金矿区的支路，像触角一

采　金

样伸到苔原。顺着这些道路，成千上万的人来到了苔原，还经常有大车队来到这里，为居住在这里的采金者们带来各种用品，与此同时，还有一股股的岔流离开了苔原，这就改变了西伯利亚的面貌……

挖泥机

新的主人随着新时代的到来站在了苔原这片土地上，并为这里带来了新的技术和新的劳动方式，也活跃了这里的采金业，使人们可以在更短的时间内采得比以前更多的金子。

那里现在不再是偏远的地区了，到处都是电话线和输电线。很多采金工人都在自己的住所安装了无线电，处处都是电灯的光亮，交通工具也发生了很大的变化，自行车和轻巧而又跑得很快的汽车随处可见。

往往要使用挖泥机在金沙产地上进行开采。挖泥机是安在平底船上靠蒸汽或电力来开动的一种庞大的机器，它可以挖出金沙，并对它进行冲洗，洗出金子。苏联金矿的工人们使用挖泥机，这种机器可以挖到地下 25 米，一次可以挖出 0.5 ~ 1.5 立方米的金沙。十月革命以前，一到冬天，挖泥机就必须停止工作，而现在，不管是哪个季节，一排一排的挖泥机都在不停地工作着，寒冷的冬天也不例外，另外，还有很多巨大的选矿厂和分离黄金的工厂在这里建起来了。

6.7 重银

西班牙人早在17世纪中期去哥伦比亚淘洗金沙时就在那里发现了一种和金子伴生在一起，比重较大，样子和银很相像的深色金属。这种金属的重量和金差不多，想要用冲洗的方法把它跟金分开是根本不可能的。虽然它的外貌和银很像，但几乎无法把它溶解或熔化，人们当时认为它和金在一起，是金的一种偶然生成的有害的杂质，要么就是人们伪造出来的假金子。于是18世纪初时，西班牙政府下令必须在有人监视的情况下，把这种有害的金属扔回河里去。

后来，科学上把这种奇怪的金属定名为铂。1819年，又有人在乌拉尔发现了它。铂的奇异的物质使化学家们把它溶铸成三卢布、六卢布和十二卢布的硬币，它从而变成了贵金属。于是很多水上工厂都用挖泥机去开采这种金属。

轮子、斗槽、轴棍和筛子发着巨大的响声从沙子里把沉重的铂砂小颗粒冲洗了出来。要知道，一吨铂砂中贵重的铂的含量有时只有1/10克。

当时，主要是牙医师在制造不会变质的销钉、牙套、镶补材料和假牙时会使用铂。这个人死了以后，这部分铂也会随着他的尸体被埋葬掉，就无法再次使用了。

2/3的铂被制成了精美的装饰品，另外，由于铂这种金属既经久又耐火，所以余下的1/3被人们制成了电工仪器和化学器皿，鉴于铂的特性，这种器皿的使用价值非常大。

锇，铑，钯，铱，钌是属于铂族的另一种贵金属，它们是跟铂一同开采出来的，它们的价值非常大。1845年，钌首先在俄国被发现，它的名字也是为了纪念俄国而起的[①]。

铂的市场就曾经被沙俄独占过。

---

①钌的拉丁名称是ruthenium，而俄罗斯的拉丁名字是ruthenia。——译者注

沙皇俄国开采的铂，曾经在10年的时间内充分地供应了世界市场的需求，后来，人们不想从沙里淘洗这种金属了，想要从含铂的母岩里来提炼铂，也就是想从暗绿色纯橄榄岩里把它提炼出来。在乌拉尔，这种岩石非常多，是整座整座的山，但里面铂的含量却非常少，只有千万分之几而已。

第一次世界大战期间和十月革命开始时，乌拉尔的铂产量骤减，以致哥伦比亚和加拿大成了它的竞争对手。

这时人们在南非发现了新的铂矿床，后来又陆续在其他很多地方发现了铂矿床。于是一些寻矿者、股份公司和银行又开始激动起来，他们终日为这种金属忙碌着，一批企业倒闭了，另一批企业又兴起了，人们抛出千百万英镑，只为了寻找到新的千百万英镑。从好望角到北洛谛西亚有一条1500多千米长的地带，那里就是新发现的铂产地。在那里，铂几乎到处都是。这一带的铂像乌拉尔那样，是含在母岩里的，而不是在矿砂里，但相较之下，含量是非常大的。这一带所产的铂的成本比较高，与苏联用装备完善的机器从沙里采取的铂是无法相比的。

南非的地质学家说非洲有个从南到北贯通着非洲的很大的产铂地带，它的北端是早已发现了铂的尼罗河上游和埃塞俄比亚。这个地带有很多含铂的岩石都露出地面一部分，又顺着裂缝侵入了沉积岩。这个地带的下方有些地层还沸腾着大量的熔化物，熔解了的铂、铬和镍就在这些熔化物里。

其实地球上有很多这类含有多种金属的地带，有的有几千千米长。例如：在美洲，从加利福尼亚到巴西的这个地带，银和铅的含量非常多，中国的东南部一带也产锡、钨、汞和锑，苏联的西伯利亚和蒙古国有一个“蒙古一鄂霍次克地带”，长达几百千米长，出产宝石、铋、锡、铅和锌。

虽然地球上有很多巨大的矿产地带，但产铂的地带却只有乌拉尔和非洲，人们叫它“折磨人的恶魔”，人们会对它有这样的叫法，就是从最初在乌拉尔矿砂里看到这种闪着亮光的银粒时开始的。

6.8 食盐与其他盐

我们在日常生活中对盐非常熟悉。食盐是一种特殊的盐，我们甚至习惯把它简单地叫做盐。除了这种盐，我们还熟悉很多种其他的盐。许多种盐在水中很容易溶解。在日常生活中，我们经常把这些盐用作药剂，用作烈性的化学物质或毒药。还有些盐被应用于农业上，例如，钾盐。还有很多种类盐，它们的数量非常大，被应用于化学上，是化学工业的原料。

这些盐除了地球本身的产物，有些可以直接从自然界里得到，有很大一部分的盐是用各种矿物在化学工厂里加工而制得的。但在所有的盐中，被我们简称为盐的那种食盐是最主要、最重要的一种盐，它是金属钠跟气体氯生成的化合物。

每个人一年所吃的食盐重量大约为 6 ~ 7 千克。为了满足人类食用和化学生产的需要，每一年全世界开采的食盐达到 1800 万吨，这个数量非常庞大，远远超过 100 万节车皮或 2 万列火车的载重量。不管是世界上哪个国家地区的人，如果他们没有食盐，都是无法生活下去的，正因为如此，那些不产食盐的地方要从别的地区运进盐来。以前，非洲中部有些居民有时候要用买金的价格去买食盐，也就是说，他们给卖方 1 千克的金砂才能换来 1 千克食盐。聪明的中国人曾经为了取盐想出了这样一个神奇的办法：他们使含盐的泉水通过竹管流进大锅里，再用天然的可燃气体来熬制盐。国家越文明，对盐的需求量也越大。例如：在第一次世界大战以前，按每人每年的用盐量来比较，挪威人平均为 5 ~ 8 千克，而德国人和法国人的用盐量却有 15 ~ 20 千克，俄国人的用盐量只有 7 千克。

现在我们已经知道食盐的重要性，也知道它主要来自海洋里的储藏。海洋是盐在地面上空、地球表面上以及在地球内部漂泊流浪历史的开端。食盐的总含量在所有海洋的水里约为 2000 万立方千米，这些盐需要一个长和宽各是 1000 千米，高为 20 千米的一个大扁形箱子才能装得下。

这么多的食盐，把它们盖在苏联的整个欧洲部分，可以盖上 4 ～ 5 千米厚。

正因为是这样的情况，所以才能从海洋里沉积出那么多纯净的盐。西班牙的盐山有着惊人的丰富藏量，德国境内有厚达 1000 米的大盐层，克拉科夫有一整座地下食盐城市的维利赤卡盐矿，还从岩盐里凿出来了马路、大厅、教堂和食堂。现在我们也了解了这些盐矿的成因。

苏联从顿巴斯著名的布良采夫盐坑里或从契卡洛夫附近伊列茨堡的盐层里开采出来的食盐与前面提到的食盐储藏量相比简直可以说是少得可怜了。

但虽然苏联的这些地方的食盐储藏量“少”，但它们的开采规模却非常大，这一点我可以引用几段我在 1914 年参观伊列茨堡时的记述，以帮助大家认清这种规模：

你走进一间建在矿井上面的房间，换上工作服，把手电筒打开，然后在采矿工长的带领下踩着舒适的木梯向下走去。在沿途，有的地方有电灯照亮着。很快就走过了木墙的部分，后面的两旁是灰色结晶的、致密的岩盐块。这里是地下 40 米处的旧开采面的宽阔的水平坑道。这里周

岩　盐

围都是岩盐，它们非常纯净，呈浅灰色，灯光照在它们身上，就像星星一样闪着亮光。这种岩盐非常坚硬致密，根本无需木头支柱来支撑它们。水在这里的地面上和拱形的顶棚上流过，从而使得岩盐进行再结晶，形成了像长了绒毛的雪白的块状体。顶上的岩盐像冰柱一样垂下了，成了细长的钟乳石，地面上的岩盐则迎着钟乳石向上生长，形成了石笋……

但并不是在这些水平坑道里进行岩盐的开采工作。前面是坑道内部的一个大洞口，你到这里就会看到一个宏伟的场面。你的脚下是个深70米，宽25米，长240米的大厅，非常宽敞。这个大厅像城里20层的大楼一样那么高，它的长度约为250米。你想象一下，就知道这个大厅有多么壮观了。

人们就是在这里开采岩盐。在这个世界上数一数二的大厅中，我们走到它的顶棚下面，就会发现这个大厅上方被木头顶棚遮住，因为就算有一块很小的岩盐钟乳石从这么高的高处掉下来，也会给在深坑里工作的采盐工人带来生命危险。

整个大厅的照明有8盏电灯，都是700烛光的电灯，灯光非常亮，让人感到很不习惯，甚至会让你在一段很长的时间里失去视觉，过了一会，我才看到下方像蚂蚁一样的很多小车和人。

人们开采他们需要的盐的途径可不只是从这些岩盐矿井开采这一个办法。地球表面上有几万个盐湖，这些盐湖中的食盐储藏量都非常丰富。阿斯特拉罕草原上著名的巴斯昆恰克湖，单它一个盐湖面积就有110平方千米。湖里有近10亿吨的食盐含量，就算按人对食盐需要量的最高标准算，这里的食盐也能供应全苏联人民食用400年之久。澳大利亚和阿根廷都有很多盐土和盐湖，而且面积非常大，它们的总面积约为1万平方千米，等于一个每边为100千米的正方形，里面食盐的储藏量非常大。

总而言之，人类不必担心会有盐荒的威胁。苏联的盐储藏量在世界高居首位，不管是食盐还是其他的盐。

6.9 镭与镭矿石

这是一幢包括安静的实验室和研究室的一所几层高的大楼。我们扶着梯子继续向下走，被领进了地下室，然后穿过了一条地下走廊，接着进入了一间混凝土屋子，这间屋子面积不大，它的墙壁很厚，就在院子的正下方。这间空屋子没有窗户，门锁被打开后，看到里面立着一个不大的铁柜子。电灯灭了，铁柜子上有几扇小门开了，习惯了黑暗的环境以后，我们就能看到几束闪闪的亮光，我们的向导的手上戴着戒指，它的那只戒指上的宝石也发出了强烈的亮光，亮光随着他的手的转动跟着一晃，而且戒指离那东西越近，宝石发出的光辉就越强烈。向导打开电灯，他拿了一条闪亮的小条东西放在我们手里，我们这才发现，这只是一个非常小的普通玻璃管，里面装了些白色粉末。这些粉末非常少，只有一小撮，重量也只有 2 克，但它的力量真是太大了。它能不断放出作用奇异的粒子射线，这种射线的一部分会不知不觉地变成氦气，氦气是太阳中一种奇异的气体。这些粉末还能不断发热，如果要令它发热的能力减少，要等到 2000 年后，到那时它的发热能力才会减弱成现在的一半。它发出的闪亮的射线速度惊人，它发出的射线中一部分的速度是光速，还有一部分射线的速度是每秒 2 万千米。这种粉末力量很强，它可以连续几千年不断发出很多的热，1 小时的时间内，1 克镭就能把 25 立方厘米的水加热到沸腾状态。

这种粉末就是镭盐，极难治好的癌症可以用它治疗。有时候镭会烧伤人，有时候又能拯救人的生命。

用这些玻璃管里的镭盐治疗病人，需要的量只有一克的千分之几。最近 30 年里，人们经过艰苦的努力才得到了 600 克镭盐，这对全世界人的需求来说当然是不够的。虽然它的功能奇特，但它却只有 600 克，体积只有 120 立方厘米啊！

但前面是从末尾开始讲述镭的故事的：因为镭在变成白色粉末前有着一

段相当长的从地底下开始的历史，后来的历史是发生在工厂里和工业实验室里的。

几乎没有一块土地中不含有这种金属，只不过它在土地中的含量极低。在任何岩石里都有镭，它的含量约为 0.000000001%，相当于金或银的含量的万分之一。在地球表面上，镭特别分散，也许每一万万万分中才只有几分。不管深到 10 千米的地球外壳里有多么少量的镭，科学家也计算出镭的含量在地壳中一共也只有约 100 万吨。镭的含量非常少，即使与金或银相比都相差很多。但要记住一点， 1 克重的镭的价格是 7 万金卢布，与其他贵金属相比还不算高，但 100 万吨镭的价格就是非常庞大的数字了，要写 15 个以上的零才能把这个数字写出来。

人们根本无法得到分散在地球里的镭，所以说，上面的计算只是一个理论估计而已。但有时候，自然界也会帮帮人类的忙，把这种金属聚在一起，但这个堆聚的数量也是有一定限度的。在 100 克的岩石里，最多能发现百分之几毫克的镭，这是一个科学理论，这是它在岩石中最高的含量。实际上镭矿石里镭的含量还要比这个含量少得多。一车皮的镭矿石中也不会含有多于四五克的白色的镭盐，一般情况下只有一克就算好的了。所以人类要学会如何更巧妙、更有效地从矿石中将这种稀有金属提取出来。

镭矿石的产地主要分布在非洲中部、北美洲的加拿大伸入北极圈的那一部分和荒凉的科罗拉多山地里。

我们对各个国家很多处的镭矿床进行了研究，又在苏联国内各地作了一次旅行。有一次途中我们感觉爬台阶和走坑洞走得很累了，就坐下来将各自对镭矿石的成因的意见说出来互相交流了一下。下面是我们对远古时代地球面貌的看法。

我们迎来了第三纪，这在地质史上是一个具有重大意义的时机，那时候阿尔卑斯山系还非常年轻，沿着它从前曾经出现过山系的线路再次隆起了褶皱，把旧的地层打乱后翻转过来，就这样，它把巨大的古地块覆盖在了年轻的地层上，在这里，地壳断裂了。这个山系长而复杂地伸展出去，从大西洋的岸边开始，经过西班牙、非洲北部、意大利和巴尔干、克里木和高加索，一路伸展到帕米尔的各个地区和喜马拉雅褶皱山系。这种褶皱运动出现在南面，它还向北出现了移动，造成了突厥斯坦山地，使帕米尔高原出现了升高，高度达到了 3500 米以上，从那里开始才逐渐变得微弱，最后在北方的阿麓消失。

这种强大的地质作用在第三纪过了一半以后开始逐渐减弱，但到现在也没有完全停下来。到今天为止，阿尔卑斯山系从东向西延伸的那条线路的地面仍在发生褶曲和断层。塔什干观测站里的地震仪让我们知道，这一带地壳非常不平静，所以突厥斯坦山脉和阿赖山脉这一带容易发生地震。直到今天，这些有地面断开的地方还在从地下涌出许多温泉和有治疗功能的泉水。这里还在进行着复杂的化学变化，阿尔卑斯山系经过了那么漫长的时间才平静下来，但虽然这样，在深不可测的地下，仍发生着猛烈的化学变化。在这些变化中，镭盐溶液就从地下涌上来了……

就像克里木山峰或克拉依那和达尔马齐亚高原一样，就是在这种地面气温和湿润却并不均衡的条件下才会发生变化，生成了喀斯特地形。雨水侵入石灰岩的缝隙，将缝隙的内壁逐渐溶解掉，接着又向石灰岩的内部前进，这就使得石灰岩的内部有很多长而复杂的通道。

很难说清是从什么时候开始，石灰岩山脊里发生变动的范围这么广大。这种过程可能开始于第三纪大海逐渐消失，海里的石灰岩隆起成为一个个岛屿的时候，也可能开始于河流侵入石灰岩的深处而形成河床的时候，这个时候就比较晚了。但无论如何，即使是现在气候像沙漠一样干燥的条件下，喀斯特地形的生成过程仍在进行着。

地下深处的热水使它们得到了积聚起来的铀、钒、铜和钡，从而渗入了这种喀斯特洞，跟着这些金属一起从地下来到这里的当然还有镭……

6.10 磷灰石与霞石

磷灰石

磷灰石和霞石各是什么？就在不久之前，还不是每个青年矿物学家都了解这两种矿物，也不是每一套矿物标本里都有它们。

磷灰石主要是磷酸和钙的化合物。它的外观非常奇特，有很多种样子。有时候，它会生成透明的小晶体，这种晶体的碎屑很像石英，又像绿柱石，有时候看上去就像是普通的石头一样，有时生成放射线状的球体或闪光的像粗粒大理石那样的粉状岩石。

根据外观并不容易辨认出霞石。这种石块呈灰色，样子很难看，又不纯净，看上去很模糊，在野外看到时很难区别开它和普通的灰色石英。

30多年以前，谁听说过这两种石头呢？然而现在，苏联报纸上却经常看到“磷灰石”这个词，它现在已经是一个普通名词了，苏联人民非常看重它，把它当成是北极的金子。

苏联的化学工厂都需要磷灰石，种植谷物、亚麻、甜菜和棉花的一望无际的田地更是离不开磷灰石。

不久，苏联人吃的面包中，每一块都含有多少亿个从希比内产的磷灰石来的磷原子，人们也要用希比内产的霞石来替代铝制的羹匙。

来看刚刚提到的新名词“希比内”。现在你知道了，苏联的磷灰石和霞石与希比内有着密切的联系。

我在这本书开头就讲了圣彼得堡的青年们如何到北极圈里的希比内地块去

霞 石

工作，又是如何在沼泽、丛林和苔原等偏僻地方初次发现很多稀有的石头，绿色的磷灰石就在其中。但现在一切都发生了改变。15 年的时间，希比内就变成了北极圈里第一个兴起的工业世界。

基洛夫斯克铁路干线上有一个名为阿帕基特（即磷灰石）站的新修的枢纽站，现在我们在这个站坐着电动火车就能直接开进这座城市。铁道旁边有一条水流湍急的白河，以前我们渡过它非常困难，但现在火车可以沿着这条河流穿过森林直接开到武德亚岛尔湖和基洛夫斯克市，让你看看这个技术、工业和农业发达的地方。

我们下了火车以后根本没顾上欣赏周围的风景，就又坐上了小汽车，顺着一条平坦的大道往库基斯岛姆乔尔山里开采磷灰石和霞石的那些矿坑前进。坐在汽车里，左边是一座大山，是巨大的乌尔基特支脉，这座山的 3/4 都是近乎纯净的霞石。接着，映入我们眼帘的就是闪光的尤克斯波尔斜坡……

向前行进了 25 千米，一路经过了新的矿山城镇、邮政局、药房、汽车库和公共食堂，开始沿着路向上走，路也越来越陡峭，一路上飞驰过去许多卡车，下方有火车呼啸而过，还时不时有爆炸崩塌的声音从某处传来。

我们的汽车很快就驶进了磷灰石地带，三分钟以后，我们看到了这个世界上最奇特的工作面：这里有一座高约百米的致密的大峭壁，它是由发出绿色闪光的磷灰石跟灰色的霞石形成的。

希比内苔原的这个神奇地带有25千米长，它把这个苔原围绕了起来。这里的磷灰石埋藏在甚至比海平面还要低的地壳下面，世界上没有埋藏得这么深的矿石。

先用小车把这些发出闪光的磷灰石运到两个输子坡，再用钢索缆车把它们从这里向下运到萨姆河（罗帕尔河）的河谷里装到火车上。

一部分磷灰石被装上火车后就直接运往苏联的各个工厂，还有一部分则被运到了摩尔曼斯克装船出口。

但这些火车都不会开出太远，一般只开到基洛夫斯克的一个工厂。这个选矿场的规模居世界首位，每年都能从岩石里选出大量非常纯净的磷灰石。

在选矿厂里，要在大桶里对碾碎了的岩石进行浮选，这时绿色的磷灰石就会浮在上面，还带着一身的泡沫，灰色的霞石则沉在桶底上。选出纯净的磷灰石这种“精矿”以后，还要让它干燥。磷灰石干燥以后才能放在巨大的电炉里来制成纯净的磷和磷酸，但现在情况不同，是要把它送到维尼察、敖德萨和康斯坦丁诺夫卡这些地区的磷酸盐工厂里去，用它们在那里制造出最好的肥料。

苏联的田地和草地时刻需要用磷灰石制成的粉末状肥料，我们希望这里的田地每年能有几百万吨这样的肥料使用。还希望把这些肥料应用于制糖的甜菜和棉花的垅上，这能使这些作物的产量加倍，糖用甜菜的个头会长得很大，雪白的棉桃会长得更结实，籽粒会更饱满。磷灰石是生命的石头，它能使田地变得肥沃，它的身上承载着集体农庄的财富，关系着苏联的前途。

这里有一道简单的算题，它虽然简单，却非常有趣，苏联人民每人每天要从希比内产的磷灰石里吃掉多少磷？

苏联境内所有种植谷物的田地，如果用磷肥对它们正常地施肥，那么这些田地每年需要800万吨左右磷肥，其中磷的含量在8%左右，但在这8%中，又

科拉半岛的磷灰石矿山

只有 10% 的磷进入了谷物。

由于苏联人民所用的磷还有一小部分来自其他磷酸盐产地，所以通过计算得出，将来每个苏联人民每吃 1 千克粮食，就会吃下希比内产的磷灰石 5 克所含的磷，每吃一口面包，就等于吃了 50 000 000 000 000 000 000 个从北极圈里库基斯岛妞乔尔矿山远道而来的磷原子。

由于苏联还没有那么多磷酸盐工厂来加工磷灰石，所以现在苏联还没有那么多用磷灰石制得的肥料，但我们仍然能够推算出一个最低限度的可能的结果，只要把上面数字中最前面的 50 换成 1 就行了。也就是说，一个苏联人民吃下一小块面包，就等于吃下了无数亿个来自希比内的磷原子。

其实每块面包、每块亚麻织物、每件棉布衬衣都带有从磷灰石来的微粒，我们平时吃的糖也是一样，它的存在也要依靠希比内的磷灰石。

但我们不只要用磷灰石使田地肥沃。还可以把磷灰石加入池塘里，让它在水中溶解，这样能使鱼的成长更迅速。它还是非常贵重的药剂，衰弱的人在高强度的工作之后服用它，可以起到祛除疲劳的作用。还可把它制成涂在飞机的钢制的翼面上的防锈的物质。冶炼青铜和铸铁时，可以用磷灰石来改善它们的品质。总之，这种磷灰石在我们苏联有几十种生产部门都非常需要它。

首先要设法去掉跟磷灰石混杂在一起的霞石，才能得到非常纯净的磷灰石，才能使它发挥多种用途。

霞石是这种磷灰石的伙伴，它妨碍了人们对磷灰石的开采和使用，那么霞石有什么用处吗？对于霞石的性质，苏联的地球化学家和工艺家已经认真地研究清楚了，他们发现，霞石可以应用于很多种工业部门里，如果把它应用于制革工业中，它就可以被制造成为优良的鞣料；如果把它应用于陶瓷工业中，它可以替换掉贵重的长石；如果把它应用于纺织工业中，它可以使织品具有耐水的特性；然而提炼金属铝则是它最主要、最重要的用途。

磷灰石和霞石的历史正在被人类书写。

以前几乎不为人知的两种石头，现在成了苏联重要的矿产。现在，这两种矿物已经被地球化学家、工艺家、矿物学家和经济工作人员当做是苏联工业和文化上的最大财富了。

6.11 黑煤、白煤、蓝煤、红煤

家用炉子里、工厂的锅炉房里、冶炼金属的炉子和鼓风炉里、铁路机车的燃烧室里所烧的煤都是黑煤。

煤是能量的源泉，苏联人民把普通的黑煤称为“黑色金刚石”，整个工业甚至整个经济部门都是依靠着它的。一个国家煤和铁的产量是不是丰富，往往可以说明一个国家是不是富足。在产煤多的地区建起了工业中心，世界各个地区的矿石和原料都会运到那里，煤对于一个国家的发展来说非常重要，它是国家生活的神经中枢。你一定听说过苏联的顿巴斯和库兹巴斯，它们不仅是苏联主要的锅炉房，还是苏联黑色冶金业的中心。

在利用煤的问题上会出现很多问题，技术发展得很快，于是人类就有了更多新的要求，为了满足这些要求，人类就要不断地解决新生的问题，所以现代人和古代人一样，都在寻找能源。

但古代人和现代人的区别在于古代人根本不会利用自然力，他们只会征服人类自己，把人当做奴隶，但是 10 个奴隶的能量才相当于 1 匹马的能量。

与那时候相比，人已经有了太大的进步。人类制造出机器，一台巨型机器的能量等于 30 万～ 40 万人的力量。人类还建立了巨大的输电装置，对此，俄国著名物理学家乌莫夫 (yMoB) 这样说，人就像是“一瞬间就沿着金属线把千百万奴隶和他们的劳动所需要的食物都运送了出去”。

现在人利用了的自然界的能量，相当于 30 亿人力 (大约是 3 亿马力)，可人们还没有满足，仍在不断地寻找更多更好的能源。

在地球上，我们从哪儿能得到能源呢？

现在，我们在一张表上列出各种能源：

1. 活煤——人、马和其他动物的体力。
2. 黑煤——天然的碳，有无烟煤、烟煤、褐煤和炭质页岩等。
3. 液煤——石油和沥青。
4. 挥发煤——由地下喷出的可燃气流 (烃)。
5. 灰煤——沼泽里和湖泊边上的泥炭。
6. 绿煤——木柴和蒿秆。
7. 白煤——往下落的水力。
8. 蓝煤——风力。
9. 青煤——海水的潮汐能。
10. 红煤——太阳能。

现在人已经很少用第一种动力了，会保留下第三种和第四种的一部分来进行化学生产，正在节省着用第六种，这样才能合理地把木材用在各种经济部门上，至于第八、第九和第十种，人还不善于支配。人类现在发展经济依靠的都是第二、第五和第七种动力，所以要将那些分散在非常辽阔的地区的泥炭和瀑布的水，用它们来支援煤。

在全部的人类历史上已经烧掉了500亿吨左右的煤。现代人每年开采约10亿吨煤，也就是100万列火车所运载的煤量。但每100年，煤的开采量就要增加到以前的50倍，这时你会忍不住问：现在地球上煤的全部储藏量还够开采几年的？地质学家经过计算得出，现在地下煤的储量约为5000亿吨，由此可以得出，黑煤最多还能开采75年。所以说，单靠煤是不能支撑人类未来的动力的。

所以必须要寻找其他能源。人们首先注意到了白煤，它是急速下落的河水和瀑布所产生的水力。这种动力总数在7亿马力以上，但现在却只有5%被人所利用。所以现代人建设了巨大的水电站，拦截河流，把飞溅的瀑布引到水轮机里去，越来越多地支配这种水力。

白煤这种能源取之不尽、用之不竭。落水的势能可以为人类提供70亿人力的能量，如果有一天地球上没有煤和石油了，那么它会给人类带来极大的帮助，但虽然这样，它也是有限度的，可人的要求却在无限度地增长。科拉半岛、卡累利阿、高加索、中亚、阿泰等地方的白煤已经被人们充分利用起来了。

现在人们又把注意力转向了蓝煤——风力。古代的人们就已经懂得利用风力来转动风车，推动湖里和海里的帆船。人类的创新思想在这方面还有更加广大的活动领域，因为现在的人还不能完全制服调皮而不稳定、可又非常巨大的风力。卡查赫斯坦草原和西伯利亚西部草原一望无际，将来可是利用蓝煤的好地方。

人类还在注意青煤，就是来自青色海洋上的能量。这里每天涨潮时，就会有巨大的浪涛使劲打到岸上，这都能说明潮水有一种天然动力，只是目前人类还没有征服这种新的能源。波罗的海、白海和黑海涨潮时的浪涛所产生的这种动力，人类对此估计不足，也没有给摩尔曼斯克边区地带或太平洋沿岸的大海湾等海洋岸边出奇的动力一种正确的估价。

全世界储藏的能量到底是多少呢？俄罗斯物理学家乌莫夫就这个问题在他的一次精彩的演说里给出了答复：

寻找新的能源是势在必行的。凡是可以从水力、火力和风力等矿物世界得到的能，都是由地球的自然作用所收集储藏起来的太阳能，但在我们这个行星上，这几种能已经快用完了，出现了缺乏的现象。

还有一条出路，去宇宙太空的宝库里找寻能量，不再在地球的储藏库寻找了，从此进入这样一个更高的阶段。如果这个问题无法在物理科学上找到希望，那么我们就无法再对这个想法抱任何希望了。

人的目光比鸟的眼光还锐利，所以我们可以看透无限遥远的太空；人的思想敏捷，可以比鹰还快地飞过海洋；在肌肉的发达和奔跑的速度方面，人要强过在地球上生存过的任何一种野兽。那么人还缺什么吗？

人的智慧没有任何动物可以与之相比，现在我们正想从植物那里学学如何用自己制造的仪器来直接捕捉太阳能。

在离太阳跟地球同样距离的地方，垂直落在每一平方米的表面上的太阳光线的能量约为 2.6 马力。这些能量中的一部分被大气中的水蒸气、二氧化碳、云和尘埃等吸收掉。在纬度 45° 附近，到达每一平方米的地表面的能量约为 1 马力。考虑到包括地理位置、阳光照射时间的长短等所有因素，通过计算可以得出，单在撒哈拉沙漠一处，全年落在沙漠的能量为现代全人类需要的全部能量的 1 万倍之多。

人类的将来要靠捕捉太阳能，这就是红煤。光可以代替煤、泥炭、石油、水力，人类要善于利用它，未来的某一天，如果人类把天然资源和地下资源都用光了，又无法控制住下落的水和吹来的风，就只有把太阳能引到工厂里来代替煤了。到时候，我们的目光就会聚在中亚，因为那里无论哪个季节，都能被明媚又温暖的阳光充分照射着。太阳就是我们的“新能源”，人类将来就是要靠它来开动机器、汽车和火车，会把屋子烘暖，把锅炉烧热。

但我们现在又向前前进了一步，知道原子内部所蕴藏的能是将来的主要能源了，原子能与煤里所含的能相比，前者要比后者大千百万倍，1 千克的铀发出的能量相当于几列火车装载的优质煤所发出的能量总和，这就是人类未来的希望所在！

6.12 黑色的黄金

石油就是液态的黑色的金，是地球上最重要的矿物之一。虽然它所含的很轻的汽油和其他的气体会挥发，有时候会凝固成石蜡块或重油块。说它是液态的，只是因为它确实是流动的物质，之所以说石油是黑色的，那是因为人们把它从地下开出来时，它就是一种带着芳香气味的黑色物质。要让它变成纯净透明的液体，就一定要在专门的工厂里经过复杂的提纯和分馏。在太阳光的照射下，这些液体呈现出特殊的绿的或紫的色调。为什么说石油是黄金呢？那是因为它是一种天然资源，为了这种资源，欧美的国家一直在互相争闹，甚至不惜用武力侵占生产石油的地区，在那里开展流血的战争。

现在苏联不但能够自己生产汽油、煤油和重油来充分供应本国的需要，而且每年还能够用 400 艘轮船装载 200 万吨以上的这种产品从高加索输出国外。

石油的钻井能深到地下 4000 多米，所以世界各国的人们都在极力寻找石油。每发现一处石油产地都引起人们的关注：乌拉尔中部或者乌拉尔南部的斯捷尔利塔马克附近（叫做“第二巴库）发现了石油，乌拉尔于是有了足够自己应用的液体燃料。土库曼的涅夫捷达格的石油喷泉每天可以喷出几千吨石油。

可是石油是什么呢？它来自哪里？要回答这个问题太难了，直到现在，科学家们还在为石油成因的问题争论不休，得不到一致的看法。我们受到俄国著名的化学家门捷列夫的影响，曾经认为石油的形成是由于它在地下极深的地方由于过热的水蒸气对某些碳的化合物作用而形成的，又从那里涌到地面上来。

但我们现在知道生成石油的地方离地面并不远，石油的物质是由植物的残体尤其是藻类的残体形成的。在苏联诺夫哥罗得省和加里宁省的湖泊里，湖底下积聚着腐泥这种特殊的物质，这种物质就是死掉的动植物跟淤泥共同形成的黑色粥状物质。这种粥状物质如果埋在沙子或黏土下面，并被埋藏在地下深处，下方再受到地心的热力，就会变成像石油的物质。现在，苏联南方中亚正在发生这样的作用，巴尔喀什湖的浪涛常常把黏性的黑色物质卷到岸上，这种物质和橡皮很像，又很像几种石油凝固形成的生成物，它是由岸边腐烂的芦苇形成的，是著名的巴尔哈什腐泥煤。

现在我们知道了石油生成所必需的地质条件。所以最大的石油矿床都是沿着像高加索山脉那样的大山脉的。在有山脉环绕着的低地上，这里与泥泞的湖泊或浅水的海湾一样，有积累沉积物和使沉积物由下方受热的有利条件。一般情况下，这里的石油都是和盐与石膏的矿层在一起的，而流出的不一定会是石油，流出的水中还有碘和溴，这些物质让我们知道了海生植物在石油生成中起到的至关重要的作用。

美国地质学家提出美国产的石油有很多有趣的性质。他们曾在地下700 ~ 800米深的地方小心翼翼地开采过石油，但在这么深的地方采到的石油中却有细菌。这些细菌不可能是从地面上渗到地下去的；那么它们应该是某些生物的后代，也就是说，早在变成石油的那些植物还在生长的时候，那些生物就已经存在了。这还只是个假设，还有待新的研究工作将来给予证实。

由此可见，石油是由地底下古代的生物残体生成的，我们现在正在努力加强寻找石油的工作，希望能更快更多地把它从地下深处汲取出来。

巴库附近的油井架

人们把石油开采出来以后，把它放在炉子里烧掉，或用它来燃灯照明，或对它进行分馏，再或者把它变成其他价值更大的物质。地壳下面储藏的所有石油大约还够人类使用 150 年，那么 150 年以后我们该用什么代替石油呢？

将来人类或许会用劣质的煤来制造人造石油，化学家们或许可以让煤、油页岩和泥炭加工成为汽油和煤油。

6.13 稀土族元素

近年来，自然界里非常少有的物质已经成为工业上的常用品了，例如：钛、钽、铯、钼、铪和锆这些金属和土族元素。以前几乎没人听说过它们的名字，甚至就连化学家和矿物学家都对它们了解得很少，但它们现在却为人类带来了福利。这些非常稀少的化学元素里面，还有很多还在加紧制取，有时候，我们根本想不到它们的用途是什么。大约 20 年前，人们发现了铪这种新的元素，在哥本哈根的一个实验室里，化学家好不容易才制了几克，也很快找到了它的用途。人们发现如果把铪少量地加进用来制造电灯泡的灯丝的合金中，可以将灯丝的寿命延长好几倍。所以铪就成了非常有用的金属，1 克铪盐的价格达到 1000 卢布之高。

另外几种金属的用途也很快找到了。它们的用途是：用锆制造搪瓷的釉，用锂制造干电池，用钽制造电灯泡的灯丝，用钛制造耐久的白色颜料，用铍制造轻的合金。稀土族元素与上述几种化学元素一样具有同样的命运，其中主要包括铈、镧和钕[①]，还有重元素钍。

天才的维也纳化学家奥爱尔多年前有了一个有趣的发现：他往普通的煤气

①有种钕实际上是钕和镨两种元素，1841 年，莫桑德从镧里提取出一种粉红色新氧化物，他认为其中一定新是元素，于是把它命名为钕。1885 年，奥爱尔将鐠分离出钕和镨两种元素。——译者注

灯火焰中放入了一小块钍盐和几种稀土族元素的盐，结果这些盐灼热起来，煤气灯变得非常光亮。于是，他决定把这个发现应用于照明方面。当时，电起到的作用还不大，城市都在用煤气来照明。可是人们并没有赞同这位化学家的想法，认为他的理想根本就是幻想。因为这些盐非常少见，所以要给这些盐寻找实际用途根本就是无稽之谈。但奥爱尔并没有放弃，他仍然坚持寻找这种所需要的、天然产的物质，于是不久以后，他来到了巴西的大西洋沿岸，他在那里发现了蕴藏丰富的一种金黄色矿物的矿砂，这种矿物里面含有几种稀土族元素和钍，名叫独居石。

退潮以后，潮湿的海岸上经常能看到闪着金黄色的独居石颗粒。这些珍贵的货物被远洋轮船成千吨成千吨地运往汉堡。

维也纳的很多工厂用细软的纤维织成纱罩，把从海外运来的独居石里提出钍盐和稀土族元素的盐，用来制成溶液，把纱罩泡在这种的溶液里，再把浸过的纱罩取出来晾干，这就是煤气灯罩。在煤气灯点燃的时候，灯罩就烧成一种脆弱的罩子。在发明煤气照明装置 20 年后，灯罩才有了这样的改进，本来煤气灯口上的火焰是颤动着，不安定的，颜色是黄色的，改进以后火焰就会安定，还会发出强烈的白光。全世界各工厂每年制造 3 亿只以上的煤气灯罩，如果不是因为后来电灯普及了，还会增加煤气灯罩的产量。钍是制造煤气灯罩的主要原料。稀土族元素中，也只有几种得到了使用，至于其他像铈盐等稀土族元素的盐，都堆在工厂的院子里，成了生产中的废物。所以还要给铈盐寻找适当用途。虽然 25 年后才知道了铈盐的用途，却给铈盐安排了一个再合适不过的用途，用稀土族元素和铁制成的合金与钢发生撞碰的时候，经常会出现温度达到 150℃～200℃的炽热的火花，从而使汽油、棉花和麻屑很容易燃烧起来。于是，人们根据这个道理制造出了这种使用“燧石”的打火机，这种打火机很快受到了人们的喜爱，并被广泛地使用。虽然如此，煤气灯罩生产中的废物中所含的各种稀土族元素，还有很多种到现在还没有找到自己的用途。人们最近才知道，稀土族中有几种金属，如果把它们加到玻璃和水晶里，就改变玻璃和水晶的颜色，让它们显出鲜艳的颜色，如金黄色、黄色、红色或紫色。于是，人们就用这种元素来制造漂亮的器皿、茶杯和花瓶。其中最有价值的是红色的玻璃，因为透过它的光线可以穿过浓雾，渐渐地，路上的交通信号灯就用它来制造了。玻璃工业又带动起了几个新部门的发展，这就是很多种物质的命运。

人们最初用船把几批智利硝石运到欧洲时，根本没人购买，不得不把它们都扔到海里去，现在硝酸盐成了宝贵的肥料。以前人们长期以来都认为含磷的铁矿石不适用，后来托马斯想出了一种冶炼这种矿石的方法，它既能保证炼出的钢和铁品质优异，还能使磷都聚集在熔炉的内壁上。

现在，世界各地的科学实验室都在挖空心思琢磨如何更好地利用各种矿物，科学家们往往会由于无数次分析和实验的结果，从而产生新的思路，发现新的道路，取得新的成就。

6.14 黄铁矿

在地壳中的矿物里，黄铁矿是分布最广的矿物之一，不管是平原上还是山地里，我们都可以轻松找到它。它的晶体闪亮，呈金黄色，几乎存在于任何一套矿物标本里。它的学名在希腊文里的原意是“火”，这个意思大概是因为它在阳光下会显出金黄色的闪光的原因，也可能是因为用钢锤敲打它的石块时，它会冒出明亮的火花吧。

黄铁矿跟石英和方解石一样都是一种到处都有的矿物，可生成黄铁矿的条件多种多样。有时候在普通腐烂的粪堆里就可以生成小块的黄铁矿块。有一次，一个矿物学家在这样的粪堆里挖掘鼠的尸体时，发现鼠尸的表面上生成了微小的闪亮的黄铁矿晶体。

这种闪亮的矿物小晶体广泛存在于莫斯科河的岸堤上、侏罗纪形成的黑色黏土里，还有在圣彼得堡附近各处的河岸上。博罗维奇市附近和图拉省的工人经常能从黑色的煤里拣出黄铁矿的碎块和晶体来。在高加索的军用格鲁吉亚大道上，孩子们经常能在暗色的页岩块里捡出金黄色的小块黄铁矿。在乌拉尔的矿井里和从前熔化过的岩脉里，都有闪亮的黄铁矿，像金子一样闪闪发光，在苏联，黄铁矿真是无所不在。

当人们还不了解黄铁矿的成分时，往往会把它当成是金子或是铜矿石，所以都会把它藏起来不让别人知道。

在人类历史上，黄铁矿的意义非常深远。由于它含硫50%，全世界的人们都在各地寻找黄铁矿的巨大矿床。在西班牙、挪威、日本和乌拉尔都有黄铁矿，那里的矿石总埋藏量达到10亿吨，但我们还是觉得不够，这是为什么呢？

黄铁矿可以制造硫酸，而人们制造肥料和炸药的重要原料就是硫酸，很多工业部门都需要硫酸，如果一个国家无法自己制造硫酸，就会处于非常被动的地位。人们在很长一段时期内制造硫酸时都是用纯净的天然硫来制造的。意大利南部盛产硫，著名的西西里岛有着丰富的硫，所以很多国家为了得到硫而去讨好意大利，但如果什么都没得到，就会派军舰到意大利沿岸去示威。

这样的情况延续了很多年。直到1828年的一个小发明的出现，原来黄铁矿也可以用来制造硫酸。在自然界中，黄铁矿非常容易找到，用它来制造硫酸再合适不过了。于是人们为了制硫酸寻找起黄铁矿来。1856年时，有人终于发现西班牙西部和葡萄牙有一些黄铁矿的巨大矿床。这些地方黄铁矿的埋藏量是很丰富的，也很方便开采和运输。这时，黄铁矿就成了天然硫的有力竞争者。黄铁矿在硫酸工业上占据了优势，所以葡萄牙那些年引起了全世界的关注。

接着，开始了天然硫跟黄铁矿之间的斗争。后来，美国又发明出一种从地下采硫的非常廉价的方法，这些硫蕴藏在美国北部地下深二三百米的地方。这里开采硫的方法，是往地下注入热的水蒸气。这些水蒸气在地下使硫熔化，液态的硫再流到地面上来。这个方法又方便又廉价，于是和旧的开采法激烈竞争

黄铁矿

起来，这使西西里岛的许多工人和农民都失业了，黄铁矿被排挤掉了，硫赢得了这次斗争的胜利，又没有人愿意要黄铁矿了。

但这样的斗争还没结束，人们开采地下的黄铁矿时开始使用机械化的方法，他们为此投入了巨额的资本，所以西班牙产的黄铁矿又成了廉价的原料。这次的争斗黄铁矿赢了，工厂设备又重新改装……但是，自然界中石膏出产非常多，里面也含有大量的硫，为什么不用石膏，非要用黄铁矿或天然硫呢？用石膏很简单就能制造出硫酸，所以将来黄铁矿和硫有可能会被石膏代替。

硫酸是农业和国防工业的基础，它的生产和技术上的成就有着这样紧密的联系，哪怕技术上的成就再小，也能改变先前的一切关系，可以使天然资源的成本降低，还能让原本没什么用处的天然物质资源为人类服务。

黄铁矿是人类最大的天然资源之一，这就是它特殊的命运。它的命运让我们懂得了什么？我想读者一定针对这个问题作出了结论。自然界里的矿物没有有用的或没用的，需要的或不需要的，技术越发展，科学家把各种自然奥秘钻研得越深，越透，人们越能更多更全面地利用自然。

第七章

致矿物爱好者

7.1 收集矿物的方法

想要成为收集矿物方面的内行，可不是件简单的事，是需要非常用心的。首先要很懂得矿物学，又能细心地留意自然界的人，才能合理地收集矿物。如果是采集植物，就算不太懂植物学的知识，也能辨别主要的各种植物，能从同一种的无数相同的植株里选出好的植株，并把它制成标本。如果地质学家或岩石学家要进行收集，例如，收集岩石，只要从大堆的石块中选择非常典型的石块就可以了，当然了，实际收集工作中，不一定这样容易。收集好以后，再按照自己的意愿修整石块的形状。

收集矿物的情况就不同了。有时候矿物是一些非常微小的颗粒，有时它们又是大块的堆集。同样一种矿物，两块之间的区别有可能是非常大的，有时候就连一些有经验的矿物学家都会感到不好选择。例如：你有可能在一个石膏层里的同一个地方看到非常多的石膏变种，有的是像糖的晶体那样的小颗粒，这就是雪花石膏，有的是纤维状的，有的是单个透明的晶体，有的是致密的块状。而且它们的颜色也各不相同，有白的、黄的、灰的和粉红的。同样都是石膏这种矿物，但它却有那么多种样式，这样的石膏在同一个地方有可能收集到好几百块，且它们都是各不相同的。正因为如此，矿物学家的野外工作任务才显得非常复杂。矿物学家要熟练地做好收集工作，就要熟悉现代矿物学的原理和知识。不管矿物学家是做收集工作还是做研究工作，这些原理都是必须知道的。

矿物的收集工作有不同的特点，主要看收集的目的。有时候，矿物的收集者和爱好者只是想收集几种漂亮的矿物，那么最好选表面结晶得很好的矿物或单个的晶体。直接参加生产的青年矿物学家收集矿物只是为了用它们做有用矿物、矿石、盐类或工厂使用的原料。然而，收集矿物时，如果是为了科学目的而进行的工作，性质就完全不同了，矿物学家的任务是收集尽可能充分可靠的实例来证明地球的某个地带的矿物生成原因。这种情况下，矿物收集者就要收集又漂亮又好的矿块，这样才能保证有足够的材料来进行化学研究，才能表明不同矿物的共同产出和它们互相转变的现象。这样的矿物收集者的收集工作是困难且费时费力的。很难把收集者分为兴趣收集和研究收集，而且这样来划分也不适宜，所以科学研究的开端就是有意识地收集矿物。当然了，漂亮的晶体会吸引着你寻找更漂亮的，所以这种收集活动会成为一种特殊的活动，非常有趣，还需要收集者具有很大的注意力、观察力和持久力。收集者们往往不愿意收集那些不好看的，往往是淤泥质或土状的矿物，石块的爱好者往往会放弃这样的矿物，不会把它们收到自己的收集品里，但地壳化学家这种真正的矿物学家，就会特别注意这样的矿物。

矿物学家进行野外工作时一定要有全套完备的工具，这样他的工作才能做到尽善尽美。岩石块有时不容易敲碎，或是很不容易从它里面敲出一块块有用的矿物，所以每个矿物学家收集矿物时都需要适用的，好的小锤子。收集石块时除了小锤子，还需要一套各式各样的凿子。有时候，一个合适的凿子可以给工作带来很大的便利，这样既能节省时间，还能完整地把任何有价值的小晶体或标本从岩石或悬岩里取出来。

矿物学家还需要一个放大镜。要有一个能放大到 8 ~ 10 倍的放大镜，这样才能看清楚组成岩石的微小矿物，能看出小晶体的形状，可以给收集者对矿物的初步鉴定工作带来便利。

另外，还需要一些其他装备：小笔记本和铅笔，最好是一个矿山罗盘仪，普通的罗盘仪也可以，坚固锋利的小刀，卷尺或可以折叠的米尺，裁好了、标好号码捆好的标签，尺寸在 6 厘米 ×4 厘米以上，大量的包装用纸（报纸即可），几个小玻璃瓶，要求质地柔韧，用它来装最贵重、最娇嫩的水晶和散粒的矿物等，尺寸不同的小盒子和一些棉花。散落的小粒矿物一般都要用帆布做的小口袋装，这样的口袋最好准备一套，注意，一定要在每个口袋上都标上号码。还可以用这样的口袋装单个的小晶体，但要先用纸把这些晶体分开包装，每个纸包包一个晶体，也可以装在同一个地方取到的小样品或从同一个矿块上敲下的小样品等。

另外，需要一个轻巧的照相机、一个气压计和一套预备画地质图的颜色铅笔，以备进行重要的研究之用。要仔细包装好样品，一个样品包成一个纸包，这一点非常重要，是做好矿物收集工作的必要条件。不管样品多小，一定要一个个分开包，无论如何都不要把几个样品包放在同一个纸包里。因为这样可以避免由于包装不小心而会使收集到的合适材料受到损坏，譬如损坏了方解石或萤石，

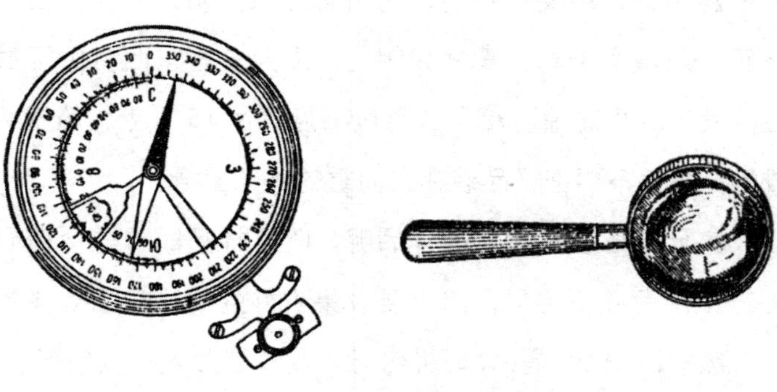

矿山罗盘仪和矿物放大镜

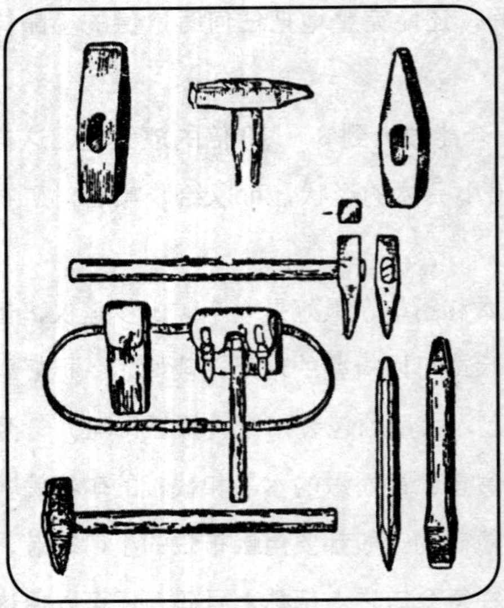

收集矿物需要的一套工具

经常会发生这样的情况。还要极力劝告所有勘探工作人员，包样品的时候，每一个样品都要用两三张纸来包，而且要一张一张地包，绝对不能把这些纸叠在一起再包样品。在每一个样品上贴上叠成两重的标签，但不要直接贴在样品上，而是要先包好一层纸，把标签贴在这层纸上。不要直接把脆的和娇嫩的细枝状晶体包在棉花里，应该先用薄纸把它们包好，再在外面裹上几层棉花、麻絮和很细的刨花。

把所有用品和材料都装在一个结实的袋子里，最好是能背的袋子（背囊）里。用这样的袋子装样品，两只手就可以腾出来了，这一点在岩石多的山地里进行勘探时是非常关键的。把各种矿物的样品放在一起，有时候会非常重，所以装袋的时候要注意把样品的重量在袋子里分布均匀。

勘探回来后，要先从袋子里取出收集品，把它们小心地放在箱子里，以便发送到目的地去。做这件事情必须仔细小心，要把用纸包得很好的样品一个个紧挨着装在箱子里，不要让它们之间留有空隙。无论如何，在样品装箱的时候不要再往箱子里填塞干草、蒿秆和刨花，因为这些东西会由于颤动而磨碎，致使样品之间发生互相碰撞。箱子的重量不能超过 15 千克，箱子必须是用坚固的材料制成的，最好不要把样品装在大而重的箱子里面。

应该收集什么形状、多大的样品呢？收集样品时首先会遇到这个问题。其实要回答这个问题并不容易，因为要收集到好的矿物样品凭借的是长期的经验和丰富的自然知识，也就是说，研究者想要收集到形状和颜色都非常不错的矿物，就需要有一点艺术上的嗅觉了。必须设法收集典型的、足够大小的样品，因为太小了会不容易看出矿物跟它所处的那种天然环境的关系。同时，收集到的样品（除单个的晶体外）最好加以修整，使它们具有比较规则的扁的平行六面体的形状，所以有些矿物的样品不需要限定形状大小，但有的矿物的样品例外，它们的各面的大小最好在9厘米×12厘米或6厘米×9厘米左右。

收集材料不仅可以供实验室研究用，还为了把这些样品送到博物馆做标本。如果收集到的样品都成了无定形的小碎片，根本没有价值，那样只是给博物馆和收集品添麻烦，但也不要为此走极端，就是为了让样品外观好看而把它们一律修整一番，这样反而破坏了这种矿物原本的美好。

收集样品时要记住一点，在大多数情况下，勘探回来以后，往往都会懊悔收集的样品太少，所以一定要把任何一种珍贵矿物的材料收集齐全，如果实在装不了了，可以把多余的或没什么价值的扔掉。收集样品时，不要用这样的想法来安慰自己，如果哪种材料不齐全，以后再回到这个地方时，再收集来做补充就行了。这样的希望不一定会实现，这就造成收集到的材料不齐全，无法成为一套完整的材料，这样的收集结果也就没有多少价值了。

在野外笔记本中要做好详细的记录，研究者最好把这个记录做得尽量详细准确。野外记录本里的记录详细和完全程度，以及思考周密程度直接影响着研究工作的成绩。在勘查工作现场把观察记录记下来，这种矿物发现得很多还是非常少见，它含在哪一种岩石里面，它是从岩石的本身里还是从岩屑里收集到的，是从小河的砾石里还是从河流的冲积物里收集到的。其中应该包括这次观察的全部内容以及在观察过程中产生的思考。记在标签上的记录，每种样品贴好标签后，都要在标签上注明这种样品的收集地点和日期以及收集者的姓名，最好再注明收集到这种样品的条件。记录收集样品的地点越确切，以后再收集这种样品时就会更加方便。

野外工作做得好的一个标志就是笔记本里的记录做得完全而又精确。很多野外研究者都犯了太过信赖自己记忆力的错误。他们通常会靠着事后的回忆把想到的事情记在野外笔记本里或者标签上面，这种做法非常危险，这样做只会使得收集的材料失去原本的价值，也会导致无法得到正确的结论。有时候很难在野外笔记本里做好记录，因为白天的野外工作非常辛苦，只能把记录工作放在晚上做，而这个时候，研究家累了一天已经想休息了。这就需要研究者有足够的毅力，无论如何都要坚持每天认真地做野外观察记录。我以前的实践里也曾经因为过度疲劳而没有坚持记录工作，如果是那样的情况，可以停止一天的勘查工作，利用这段时间认真地把记录补齐。而且记录一定要作得清楚又精确，好让别人也能看懂。

遵照上述规则来正确收集矿物样品，具有很多方面的价值。勘探者本人看到这样的收集品时就会知道曾在哪里收集过这些样品，那里发生过怎样的化学变化，或者正在那里进行着什么。了解的情况越详细全面，样品的收集结果对科学研究和工业的价值就越大。从矿物学的观点来看，对苏联矿产丰富地区的研究还很不够，很不透彻，每一次新的、做得周密的收集工作都会为研究工作提供新的资料。所以，在苏联天然资源的矿物学研究方面，每一个普通的勘探者都有可能做出贡献。但是，要作出贡献的话，单单把矿物收集起来，做好记录，然后包装好了带回来，还是不够的。研究者拿到装着材料的箱子后，要把箱子里的样品细心地整理，由于箱子里的标签又多又乱，这就很有可能会给研究者带来巨大的损失，更有可能会因此得到不正确的和危险的结论。所以整理样品时要立即把贴着标签的样品放进相应的盒子里去。一些大的科学研究机构（如苏联科学院矿物博物馆）对于这类工作都愿意为每一个勘探者提供帮助，他们审查了勘探者收集到的材料以后，还会告诉他哪些材料特性最奇特，以及在收集材料时的注意事项。

这样整理收集品，才会使勘探有个结果，甚至还能推动以后的研究工作，使它更具有科学的或实践的性质。

到此为止，我对收集矿物的意见就要讲完了。在结束之前，我要复述一遍著名的瑞士旅行家和地质学家德·素叙尔的话："谁懂得越多，想得越周密，那么他的旅行就会越顺利。"所以每一位矿物爱好者在去矿产丰富的地区收集样品前，都应该带上矿物学课本，多去博物馆参观。在博物馆的展览室里，可以对照着课本观察实物，这样一来，在理论上就有了切实的修养，能更好地在大自然中进行实地收集的工作。对于素叙尔的话，在中国各地旅行过的著名德国地理学家李希霍芬做了一点补充："研究家所有的工具里面，自己的眼睛是最有用、最重要的工具，就算看到的现象再微不足道，也不应该错过它，因为这些细微的现象可能会引出重大的结论。"

7.2 矿物的鉴定

矿物收集到了，又运到了家，接下来就要做一件非常重要的工作了，鉴定这些矿物，就是研究清楚这些矿物的组成成分和它们的名称。这个工作做起来可不容易，因为已知的各种矿物和它们的变种的品种有3000种左右，其中有二三百种是比较常见的。

想要知道石头的名称，首先要确定它的化学成分，也就是要弄清楚它含有哪些金属和其他化学元素。为了达到这个目的，早在200年前，矿物学上就有了一些巧妙而又便利的方法。鉴定矿物的主要工具是吹管，把管嘴的端伸进普通蜡烛的火焰里，或是伸到煤油灯的火焰里，用嘴在管的这一端向它的内部吹气，火焰的温度就可以升高到1500℃。如果用钳子夹住一小块玻璃，把它送进炽热的吹管焰里，玻璃就会熔化；如果把一小块石英送进去，石英就不起任何变化；如果送进去的是薄的长石块，那么它就会被这样的火焰熔成一团白瓷状的物质。不同的石头熔化的温度也不同，根据这一点，我们就能把它们区别开，然后把要鉴定的矿物研成细粉，再放进些水进行搅拌，把它放在一小块木炭上，再把它放进炽热的吹管焰里去。这时候，有些矿物会熔化，接着出现纯净的铅、铜、银的金属小球，有些矿物会在木炭上生出白色、黄色或绿色等颜色的薄膜。也可以直接把矿物放进细玻璃管里，再把它送进吹管焰里进行加热，那时管的内壁上就会出现水珠或黑色的、有色的薄膜。

这些实验的每一种都像化学反应一样出现不同的变化，我们可以根据这种反应，断定矿物里含有什么。

但只有吹管是远远不够的，必须要进行化学分析，才能进一步鉴定矿物的成分。这就需要一些小化学试管，一个玛瑙研钵，几只小玻璃瓶，瓶内分别盛着各种酸，一根细白金丝等。

有时候，需要把矿物敲碎后放在研钵里把它研细，再把它盛在试管里，让它和酸或跟水一同煮沸。这样的话，有些矿物会在水里溶解，有些却不溶解，有些矿物会和酸发生反应，生出气泡，有些却和酸一点反应也没有。根据所有这些“化学反应”，就能得到一系列有关矿物成分的非常重要的结论。但只凭这些还不能完全确定这种矿物究竟是什么，所以还要研究石头的各种物理性质，测定它的比重和硬度，要做这些，没有专门的天平是很难测定比重的。比重是一个非常重要的特征，因为各种矿物的比重都不同，而且还存在着极大的差异。有些矿物像水一样重，而有些矿物的比重大于水 20 倍之多。所以要鉴定矿物，利用硬度是最便利的方法了。这需要按照硬度标，用一套已知的矿物样品来刻画未知的矿物，这些矿物样品，每一个矿物学家都应该有一套，还要把它们装在专门的盒子里。滑石、石膏、方解石、萤石、磷灰石、长石、石英、黄玉、刚玉、金刚石——这些矿物的硬度是从前往后递增的。

善于使用吹管的方法，并能从石头的化学反应来研究石头，再掌握各种常见矿物的特性，我们就能鉴定矿物了。要学习鉴定矿物，应该有一些专门的矿物鉴定参考书，这些书能让矿物学家具体知道每一步应该怎么做。做完最后一步后，你就能判断出这种矿物的名称了。鉴定完毕后，应该再看看书里是如何介绍这种矿物的，再把自己所鉴定的矿物的颜色、光泽和形状与书中的介绍相比对。如果两者完全一致，那么就说明你的鉴定是完全正确的。这时最好对这种矿物作一段科学的叙述，并按照鉴定出来的它的成分，与和它在同一地方产出及在周围复杂的自然现象里与它一同发生变化的那些矿物相联系。

7.3 矿物收藏品的整理和收藏

我们遵照前面所讲的规则收集矿物样品，进行过几次勘探，已经收集到了很多种石头和矿物。接着我们又对这些矿物进行了鉴定，知道了它们的名称。现在，每块石头都有了自己的身份证，它产在哪里，什么时候被发现的，是谁找到的，它叫什么名称，与哪些石头相似。

这时我们已经具备了所有整理矿物收集品的条件。这些矿物是我们和学校里的同学或工厂的工人一起收集到的，我们现在来把它们整理一下。

这样的整理工作，可以在有小型博物馆的学校或工厂里做。只要收集矿物的参加者不半途而废，认真对待这项工作，那么所有这些爱好矿物的青年收集者都会得到学校或工厂的热心帮助。有的同学起初兴致勃勃地收集矿物，还在家里做了详细分析，可过不了多久，就把这件事情抛之脑后了，于是他所有的矿物样品都乱作一团了，他们只对滑雪或者又开始对植物学感兴趣了。等到未来的某一天，他们会在房间的角落里看到这些已经盖满了灰尘和脏东西的样品了。我想不应该出现这样的情况。

现在具备了整理收集品的一切条件后，接下来要做什么呢？首先，为了收藏矿物收集品，要准备一个专门的柜子，最好是收集者自己动手做的柜子，可以做一个抽屉柜，每个抽屉都不高，10 厘米左右就可以，一共有 20 个抽屉，但不要再多了。这样的柜子可以收集多达 1000 件石头样品，只要你摆放合适，哪怕是种类繁多的全套收集品都可以放进去。如果你收集的石头中有非常漂亮的石头，那么最好再准备一个四面都是玻璃的玻璃柜，这样就可以把一些如晶体这种漂亮的石头摆在这种玻璃柜的搁板上面供人观赏了。这种装有活动搁板的玻璃柜不太容易买到，如果买不到，可以自己动手做一个浅的、带格的架子即可。为了使摆在上面的石头不会落上灰尘，可以在架子的周围遮上帘幕或用几张结实的大纸挡灰。灰尘是矿物最可怕的敌人，它们会深深地钻到石头表面上所有纹路的角落，这样我们就很不容易把它们清洗干净了，而且矿物也不能经常用水清洗，因为很多矿物遇到水后会溶解，一洗就损坏了。

收集品有了收藏的处所以后，就要注意一个问题，必须把每一块石头都单独放在一个边缘低于 1 ~ 1.5 厘米的小盒里。不过几块产自同一处的相同的石块晶体，是可以放在同一个盒子里的。每个盒子里都要放一张标签，比着盒子大小剪一张纸片，在纸片上注明这是谁的收集品，是什么矿物，发现的地点（写得详细确切）。最好还要在标签的背面注明是和谁在什么时候找到这种矿物的。

如果用台座把矿物样品放在上面展示出来，就要把台座的前侧面切成斜形，再比对着斜面来剪贴标签，这种标签内容要写得简单些。

石墨和白垩等的样品会把纸弄脏，如果遇到这样的石块，可以按照盒子的尺寸割一块玻璃，用这块玻璃把标签盖住。

接下来应该给收集品编号了。最好这样做这个工作，把每次收集到的矿物的名称依次编号登记在一个笔记本上，还要记录上你找到它们的地方和标签上面所写的关于它们的一切情况的说明。还要把这个号码标在标签上，然后，整齐地剪下一个正方形的小纸片，把这个号码写在它上面，这样就能把它贴在矿物上面了。贴的时候要非常小心，不要把胶水粘到石头上，以免把石头弄脏。粘小纸片时，也要选在石头背面不显著的地方，以免样品或晶体减色。

装矿物的盒子还要有一定的摆放次序，这一步骤也有具体的操作方法。

摆放矿物的次序，最好按照矿物学的指导书籍里叙述的各种矿物的次序，任何一本矿物学教科书都可以作为你的指导书籍。另一种摆放方法就是按照它们的产地来放：所有乌拉尔产的矿物放在一个抽屉里，所有高加索产的矿物放在一个抽屉里等。最后，如果你愿意把收集到的这些矿物整理成一套生产性的收集品，可以把所有铁的矿石单放在一个抽屉里，锌和铜等的矿石单放在各自的抽屉里。还可以按摆放次序改变一下收集品的位置，来布置一个“临时展览会”，比如：在全套收集品里选出所有宝石和有色的石头，先把它们分开陈列，再把它们分类陈列，例如：把在熔化的岩浆里生成的矿物归为一类，把工厂需用而又是自己城镇附近所产的矿物归成一类等。不管收集品多么少，它们都不是一堆呆滞、普通的石头，都是可以下工夫好好研究了解的。

一些青年矿物学家非常精干，他们喜欢收集矿物，能让自己收集品的件数很快地增加，他们的柜子和盒子很快就被石头装满了。但这时既没钱定做新的，就算做好了新的，也没地方放置。这种情况下，就应该把那些比较差些的样品丢弃掉，留下比较好的样品。这项工作很难，做起来还很费时间，因为不仅要对样品的本身进行比较，还要对矿物的产地进行比较，然后再挑选出对于全套收集品来说最有趣而又最有代表性的那些矿物。为此，要经常把把自己的样品与大博物馆里的样品作比较。这些从收集品里剔出来的矿物，我们称之为“复份样品”，虽然这些样品我们用不着了，但可以把它们转给别人，以充实他们的收集品，也可以用它们来做更进一步的详细研究，比如说把它们放在酸里溶解，放在火里熔化等。

收集时间长了，如果我们的样品太多了，达到几百件那么多了，就要开始新的工作了。这时我们的收集品中可能只缺少为数不多的几种石头了，比如：拥有了一切铁矿石，唯有缺磁铁矿，收集全了各种有色的石头，却只缺少孔雀石。这时我们应该想方设法把缺少的这种矿物样品收集来，可以自己亲自去收集，也可以委托住在矿山上和工厂里的朋友代为收集，还可以向大博物馆去要或是去专门的教学用品商店里买回来。

现在你还觉得收集矿物这项工作简单吗？想要做好收集工作，就要非常关心这件事情，愿意拿出全部精力和主动精神来做这件事，只有这样，你才能拥有一套堪称完美的矿物收集品。

7.4 寻找矿石

150 多年前，俄国著名的科学家罗蒙诺索夫说过这样的一段话，我们用这段话作为这一节的开始：

> 现在，让我们走遍祖国的大江南北，到各个地方去研究情况，把这些地方分成能出产矿石的地区和不能出产矿石的地区，然后到那些能够出产矿石的地方去，在那里寻找指引我们找到矿石的标志物。我们要去寻找金、银、铜、铁等金属，要去采集特殊的石头、大理石、板岩等矿石，还要去挖掘祖母绿、蓝宝石、金刚石等珍稀石头。这条寻找矿物的道路一定会趣味无穷，大家绝对不会感觉到枯燥，虽然我们不会一直遇到珍贵的矿石，但处处都能够见到生产中用到的矿物，只要把这些矿物开采出来，用在我们的工农业建设上，一定会为大家带来很大的利益。

罗蒙诺索夫还补充说：“金属和矿物只会待在原来的地方，不会主动跑到我们的面前来，想要了解它们，我们必须去各个地方勘察矿山、研究矿石。”

罗蒙诺索夫所说的话，已经把勘探矿石时的主要事项都说了，虽然如此，我还是想补充一些其他的内容。

在前面的内容中，我们已经说过青年矿物学家要如何收集矿石，但我们还没有讲述要怎样寻找矿石，而矿物学的主要任务之一就是勘探矿石。如果一个青年矿物学家只知道收集矿石，而不懂得去动脑筋思考，收集到的矿石是从哪里来的，这些矿石有什么特征，能够制作什么东西，主要的用途是什么，那么，他就不是一个善于思考的人，更不是一个优秀的矿物学家。

近几年，苏联的青年们为了实现矿物学的研究任务——寻找矿石，经常在假期里组队去旅行，或者去远足，这已经成为一种非常普遍的现象。

不过，矿物不是那么容易找到的，只有做一个善于观察、十分细心的矿物学家，才能够在寻找矿物上有所收获。作为一个优秀的矿物学家，在寻找矿物之前，一定会了解当地的地质学和矿物学。这样一来，他才能够知道，这些地区存在哪些矿石，能够找到哪些矿石，需要注意哪些矿石。根据这几年寻找矿石的经验，我得到这样的结论：只要知道自己要寻找什么矿石，然后知道什么地方有这种矿石，就一定能够找到自己需要的矿石。这就类似于童年时代的找蘑菇事件，只要有人找到第一个白蘑菇，就能听到森林中四处传来的声音，“这里也有白蘑菇，这里也有白蘑菇。”

青年矿物学家在去一个地区寻找矿物之前，一定要先研究一下这个地区（即使是根据书本研究得到也可以），知道自己应该注意什么，然后去寻找明显的标志物，这样比较容易找到矿石。

假定我们现在找到了一种矿石，石头上面有着青绿色的痕迹，这些痕迹告诉我们，这块石头可能是铜矿石。于是，我们用锤子敲下来一小块，断裂面上马上出现了金黄色的金属光泽，证明这块石头的确是黄铜矿。

不过，这里的铜矿石是不是很多呢？也许只有有限的几块铜矿石，也许铜矿石多得可以形成一座矿山，但真实的情况是怎样的呢？

于是，我们的工作进入第二个阶段，勘探矿石。地质学家、矿物学家、地球化学家、钻探工作者都来到发现矿石的地方，开始自己的工作。地质学家绘制了一张地质图，告诉大家什么地方有何种岩石，为大家指引方向。矿物学家研究这块矿石，看看它和哪些岩石有关系，判断什么地方这种矿石的含量较高。地球化学家收集材料，仔细分析后得出一般所说的“平均试样”，然后去考察这里的铜是怎样形成的，是从什么地方来的，铜的储藏区又在什么地方，怎样才能够找到。

钻探工作者的任务是什么呢？这时候，他们要挖掘沟槽，把最上面的浮土挖开，然后把坚硬的石头清理掉，挖出许多凹槽。如果某些地方的浮土比较多，就需要挖探井（矿坑），用钎子在坚硬的岩石上面打孔，把炸药包放在钻孔中，然后，在炸药插上连接导火线，以便点燃炸药把岩石炸开。接下来，一点点地打扫矿床，在闪亮的小点子的指引下去寻找矿脉。在沿着矿脉前进的时候，一边钻探更深的矿脉，一边研究矿脉的内部结构、宽窄程度，以及随着深度的增加而产生的变化。

探井和矿井可能会被水淹没，所以接下来的工作就是排水。这时候，我们需要准备排水设备，还有发动机、蒸汽锅炉。为了方便进行各种工作，就要修建直接通往矿区的道路，砍伐森林来建造木质的房屋，用来代替老旧的土屋。而且，还要建造锻工场、马厩、仓库、车库。当然，矿区上还要安装钻井架，钻探机的钻头一定要非常坚硬，可以由金刚石、伯别基特硬合金或者钢砂制造。然后，让强大的发动机推着钻头往岩石中钻探。随着深度的增加，岩石被钻成实心的圆柱体，这个圆柱体会进入钻探机的长管子内，从地下深处一直上升到地面上。

一个个的发现积累起来，逐渐形成了一个完整的“矿”。地球化学家研究出了它的组成成分，找到了它形成的原因。地质学家研究了它的形状，计算出它的储藏量。统计学家把这些计算汇总在一起。于是，经过长时间的野外考察、深入研究、实验分析，终于得出了下面的结论：

铜矿床非常大，矿石的储量大约是 50 万～80 万吨，矿石中铜的含量大约是 1.5%，值得开采。开采方法可以选用廉价的露天开采，矿区到铁路的距离非常近，交通运输比较方便，而且，矿区的周围有着丰富的森林资源和水资源。

这就是一个简短的结论。就这样，通过一块带着蓝绿色痕迹的矿石，经过了各种研究和工作，找到了一个巨大的铜矿床。

不过，不要以为每一次寻找矿脉都会得到这样的结果，其实，最常出现的情况，往往没有好的结果。有时候是找不到矿脉，有时候是矿石太少，还有的时候是矿脉向下不久就出现尖灭现象①，消失了。

但是，青年矿物学家千万不要因为结果不理想就悲观沮丧，失去寻找矿物的信心。其实，结果不好是不能避免的事情，大家一定要学会去接受这样的结

①尖灭指的是矿脉的末端慢慢减薄进而插入其他的地层。——译者注

果，从里面学到知识，学会如何去分辨小小的发现和完整的矿床。得到了这样的结果，青年矿物学家一定要把更多的精力用在寻找矿物上，去其他的地方继续勘探。

在前面我们就说过，寻找矿物绝对不是一件容易的事情，但这件事情充满了乐趣，也有很大的益处。青年矿物学家，勇敢地朝着这条道路前进吧。如果你是一个善于观察、细心大胆的人，是一个优秀的矿物学家，你一定能够为国家的发展贡献自己的一份力量，在经过多次的失败之后，你一定能够吸取教训，为国家的工业发展找到新的矿床。

苏联伟大的文学家高尔基曾经说过："青年们，你们是苏联未来的主人公，也是苏联建设的接班人，你们有责任去了解分布在祖国广大土地上的矿物资源，以及埋藏在地下的各种资源。"

7.5 走进矿物学家的实验室

我们来进行最后一次探索。各种新奇的知识，没有听说过的名词、新的名称、长长的地名，已经把读者搞得疲惫不堪，晕头转向了。

不过，我们还要再努力一次，到一个神秘的地方去参观一下，看看矿物学这门科学到底是如何创立的。

现在，我们来到了莫斯科科学院地质研究所的大楼，这里是一个科学研究机构，这里有着罗蒙诺索夫的痕迹，今天的人们正在沿着这位来自霍尔莫戈雷的天才的道路前进，利用精谌的物理方法、化学方法、数学方法来研究矿石。这里研究矿石的方法非常先进，精确度很高，所使用的长度单位是 1 毫米的百万分之一，采用的重量单位是 1 克的一亿万分之一。

我们先去参观结晶研究所，这里有各种各样的晶体，用来测量晶体的仪器是巨大的测角计，能够精确到弧度的几秒。在这里应用了天文学知识，把天文学上的定律用在晶体的研究上。在结晶研究所中，结晶学家通过放大倍数极高的放大镜，认真地数着晶体的角度，因为晶体的大小类似于大头针的针头，但它们拥有 40~50 个晶面，每一个晶面都是亮晶晶的。然后，结晶学家用 X 线继续研究晶体。在一间屋子中，他制得了 1 万伏特的电流，然后通过绝缘导线，把电流引到另一间屋子中，而我们的结晶学家就像是在轮船的甲板室中，隔着窗户控制着整个研究过程。结晶学家利用 X 线，能够发现晶体的内部结构，得到的相片上有着许多圈圈点点，利用这些圈圈点点进行复杂的数学计算，就能够得出晶体内部的原子排列顺序。

然后，我们到另一间屋子中去看看。在这间屋子中，利用人工方法把里面的温度保持在特定的度数，屋里面有一些特殊的容器，容器中盛着各种液体，由一种特制的水银调节器维持温度的恒定。隔着容器的壁，我们可以看见里面有一些透明的晶体，这就是人工培养出来的成品。

现在，我们去地质科学研究所的实验室参观一下。在实验室中，矿物学家正在制作非常薄的薄片，薄片的厚度仅仅是 1 毫米的百分之几。当观察薄片的时候，矿物学家就把它放在特殊的显微镜下。有时候，他让阳光穿过薄片，有时候，他让反射后的灯光透过薄片。他所要研究的就是看不见晶体格子的各种光的现象。矿物学家在工作的时候一定要非常细心，才能得出正确的数据，不会出现偏差，即使是 1 厘米的十亿分之几这样小的数字，为了得到这样精确的结果，矿物学家需要长期不懈的奋斗，有时候需要经过几个月甚至是几年的努力，才能取得预期的结果。

你们可能会产生这样的疑问，就为了 1 厘米的十亿分之几这样的数字而绞尽脑汁、花费时间、累坏眼睛，值得吗？

我经常听到类似的问题，这些问题中不仅有错误的认识，还有着错误的思想，这些是多么有害的啊！

近几年，这类小之又小的数字，1 厘米的百万分之几甚至是十万万分之几，正好体现了世界上的伟大规律。把测量得到的这类数据和理论数值进行比较，根据它们的差距可以知道天体的运行速度，微小的原子核结构，物质结构定律，大物体吸引光线，物体的微粒受到的光的压力，时间和空间的结合形式，活物质中存在的非常小的酶，等等。要解开这些谜团，要了解原子内部的巨大能量，就要依靠我们的科技和仪器，要依靠我们精益求精的精神，依靠我们顽强的奋斗，争取在这样的小数后面一再求出一位位的数字。这样的数字距离小数点非常遥远，例如：在小数点后面的第 20 位或者第 30 位。

0.000000…50

我要告诉青年矿物学家们，你们不要着急，要有耐心，更要细心，要重视观察到的和测量到的精密数据。现在，我们离开测量矿物比重、研究光线透过矿物的情形、研究矿物的电磁性、研究矿物的形状、颜色、内部结构、软硬程度的矿物实验室，前往地球化学实验室参观一下。如果说矿物实验室的任务是测量精确的微小长度，那地球化学实验室的任务就是测量微小的重量，为了测量出更加精确的重量而奋斗。我们来到黑暗的屋子中，这里是光谱实验室和 X 线实验室。这里有许多精密的仪器，仪器上面安装着长短不同、粗细不一的管子；在仪器的左上方，出现了类似于火花的亮光。有的光源是闪亮的电弧，有的光源是 X 线的几万伏特的放电。这些仪器的作用是，测量矿物中含有的各种物质，尤其是含量非常微小的物质，能够称量出 1 克的百万分之几这样小的重量。要知道，即使是最精密的化学天平也无法称量出这样的质量。或者去发现矿物中所含有的二三十种元素，有些元素的原子会隐藏在矿物的晶体格子中，不是普通的仪器可以发现的。虽然这些元素的含量非常少，它们还是可以生成光谱线，尽管只是一眨眼的时间，但我们还是能够确定这些元素的存在。

我们离开黑暗的光谱实验室和 X 线实验室，来到光线明亮的化学实验室。这里是地球化学家和矿物学家工作的地方，他们正在研究矿物的生命史，并安排矿物进入工厂后要经过的各种工序。在这里，他们要把矿物分解掉，把里面的各种物质提炼出来。为了达到这个目的，有时候要把矿物放在白金锅或者银锅中，然后放在特制的电炉中熔化；有时候要放在玻璃杯或者石英杯中，然后加上各种酸溶液煮沸，有时候要放在白金槽中进行电解，有时要放在特殊的石英试管中，加热到又红又亮的程度。在化学实验室中，矿物走过了漫长的道路，每次用天平称量出矿物的质量之后，地球化学家都会把质量记录下来，例如：二氧化硅的质量是多少，镁的质量是多少，氟的质量是多少，等等。我们可以想象得到，如果一种矿物中有30多种化学元素，把这些元素一一分析出来，这是多么困难的一件事情，再把这些元素一一分离出来，就更加困难了。所以，地球化学家往往要花费几个星期甚至是几个月的时间，才能够解开一种矿物的秘密。

研究清楚矿物的成分之后，地球化学家就要进入下一个阶段的工作，让矿物在工业上得到充分的利用，指导工厂把矿物中有价值的成分提炼出来，指出要如何利用矿物，还有应该运用在什么地方。如果地球化学家能够在实验室中，通过人工方法在烧瓶、坩埚、炉子中把需要的产品制造出来，他们的工作才算是圆满结束。

我们把地质研究所参观了一遍，然后去矿物博物馆休息。在这样，我们见到了各种各样的矿物，它们排列在架子上，正在等待着即将到来的命运，有的矿物要拿去熔化，有的矿物要拿去烧掉，还有的矿物要让射线通过它们。

7.6 矿物学史上的断片

想要彻底地了解一门科学，不但要知道关于这门科学的知识，还要知道它是如何兴起、发展的，是由哪些伟大的科学家推动着它前进的。因此，在这一节中，我们就说一下对俄罗斯的矿物学发展有着重要作用的三位著名的地质学家和化学家。

我们要说的是罗蒙诺索夫、门捷列夫、卡尔宾斯基这三个人，相信大家对于他们的名字非常熟悉。

罗蒙诺索夫(1711～1765年)，俄罗斯伟大的科学家，俄国第一个化学家、地质学家、矿物学家

米哈伊尔·瓦西里耶维奇·罗蒙诺索夫生活的时代距离我们比较远。他是一位伟大的科学家，从普通的渔民成长为科学院院士，是一个非常了不起的人物，生活在19世纪。罗蒙诺索夫可以被称为俄国的第一位化学家、地质学家、矿物学家，直到现在，他的许多思想在科学上依然有着重要的地位。他第一个提出要研究俄国产的各种矿物，还指明这个工作将会给俄国的发展带来很大的好处。他第一个把化学、物理学、数学上的精确数据应用到地质学上，并指出精确的数字是科学的依据。

德米特里·伊凡诺维奇·门捷列夫是19世纪著名的化学家，他和罗蒙诺索夫非常相似，他第一个研究化学元素之间的关系。他把各种元素按照质量的从小到大的顺序进行排列，于是出现了名垂千古的化学元素周期表。他的这一做法，为现代化学和矿物学的发展奠定了基础。这个发现不但预言了实验室化学反应的进程，而且告诉我们哪些元素会聚集在一起，如何寻找矿物，在什么地方能够找到什么矿物等。

门捷列夫，俄罗斯伟大的化学家(1834～1907)

亚历山大·彼得罗维奇·卡尔宾斯基是俄罗斯伟大的科学家，于1936年逝世。他担任苏联科学院院长很多年，是现代著名的地质学家。他第一个研究了乌拉尔地区的各种矿物，还把研

卡尔宾斯基院士
(1846 ~ 1936 年)

究结果写成著名的作品，指导着后人的研究工作。不过，他在科学上的重要贡献是研究俄罗斯平原的地质史问题。他研究清楚了苏联过去的地质史，指明在不同的地质时代出现在苏联境内的海洋，并且查出了造成山脉重叠、陆地隆起、 地下的熔化物跑到地面上来的原因，还有断层作用。

在前面我们已经说过了，在苏联的什么地方有哪些矿物。现在，希望大家能够记住这三位伟大的科学家的名字：罗蒙诺索夫、门捷列夫、卡尔宾斯基。

7.7 最后的忠告

如果读者认真地阅读完了这本书，觉得矿物学是一门非常有趣的科学，愿意进一步了解矿物学的知识，那么，你要做些什么呢？

我非常愿意回答读者的这个问题。其实，如果每一位读者都能够克服困难，阅读到这一节，我的内心是非常兴奋的。

刚开始学习矿物学的人要遵循下面的六条规则：

亲自去大自然中搜集各种矿物，并且在当地进行观察。

去你附近的工厂、农田搜集矿物，仔细观察。

随时整理搜集到的各种矿物。

经常去矿物博物馆参观。

自己动手在家中培养晶体。

广泛地阅读关于矿物学的各种书籍。